U0245015

A Genealogy of Industrial Design in China: Light Industry Ⅰ

工业设计中国之路

轻工卷（一）

沈榆 孙立 著

大连理工大学出版社

图书在版编目(CIP)数据

工业设计中国之路. 轻工卷. 一 / 沈榆, 孙立著
. 一 大连：大连理工大学出版社, 2017.6
ISBN 978-7-5685-0742-4

Ⅰ. ①工… Ⅱ. ①沈… ②孙… Ⅲ. ①工业设计—中国②轻工业—工业设计—中国 Ⅳ. ①TB47②TS

中国版本图书馆CIP数据核字（2017）第052377号

出版发行：大连理工大学出版社
（地址：大连市软件园路80号　邮编：116023）
印　　刷：上海利丰雅高印刷有限公司
幅面尺寸：185mm × 260mm
印　　张：16
插　　页：4
字　　数：366千字
出版时间：2017年6月第1版
印刷时间：2017年6月第1次印刷
策　　划：袁　斌
编辑统筹：初　蕾
责任编辑：初　蕾
责任校对：仲　仁
封面设计：温广强

ISBN 978-7-5685-0742-4
定　　价：252.00元

电　话：0411-84708842
传　真：0411-84701466
邮　购：0411-84708943
E-mail：jzkf@dutp.cn
URL：http://dutp.dlut.edu.cn

本书如有印装质量问题，请与我社发行部联系更换。

编委会

工业设计中国之路 概论卷

工业设计中国之路 电子与信息产品卷

工业设计中国之路 交通工具卷

工业设计中国之路 轻工卷（一）

工业设计中国之路 轻工卷（二）

工业设计中国之路 轻工卷（三）

工业设计中国之路 轻工卷（四）

工业设计中国之路 重工业装备产品卷

工业设计中国之路 理论探索卷

总序

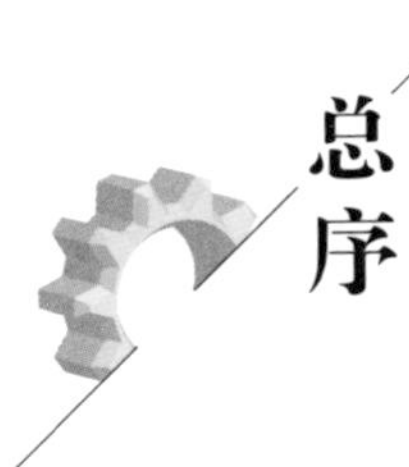

面对西方工业设计史研究已经取得的丰硕成果，中国学者有两种选择：其一是通过不同层次的诠释，使其成为我们理解其工业设计知识体系的启发性手段，毋庸置疑，近年中国学者对西方工业设计史的研究倾注了大量的精力，出版了许多有价值的著作，取得了令人鼓舞的成果；其二是借鉴西方工业设计史研究的方法，建构中国自己的工业设计史研究学术框架，通过交叉对比发现两者的相互关系以及差异。这方面研究的进展不容乐观，虽然也有不少论文、著作涉及这方面的内容，但总体来看仍然在中国工业设计史的边缘徘徊。或许是原始文献资料欠缺的原因，或许是工业设计涉及的影响因素太多，以研究者现有的知识尚不能够有效把握的原因，总之，关于中国工业设计史的研究长期以来一直处于缺位状态。这种状态与当代高速发展的中国工业设计的现实需求严重不符。

历经漫长的等待，“工业设计中国之路”丛书终于问世，从此中国工业设计拥有了相对比较完整的历史文献资料。丛书基于中国百年现代化发展的背景，叙述工业设计在中国萌芽、发生、发展的历程以及在各个历史阶段回应时代需求的特征。其框架构想宏大且具有很强的现实感，内容涉及中国工业设计发展概论、轻工业产品、交通工具产品、重工业装备产品、电子与信息产品、工业设计理论探索等，共计9卷，其意图是在由研究者构建的宏观整体框架内，通过对各行业代表性的工业产品及其相关体系进行深入细致的梳理，勾勒出中国工业设计整体发展的清晰轮廓。

要完成这样的工作，研究者的难点首先在于要掌握大量的一手的原始文献，但是中国工业设计的文献资料长期以来疏于整理，基本上处于碎片化状态，要形成完整的史料，就必须经历艰苦的史料收集、整理和比对的过程。丛书的作者们历经十余年的积累，在各个行业的资料收集、整理以及相关当事人口述历史方面展开了扎实的工作，其工作状态一如历史学家傅斯年所述："上穷碧落下黄泉，动手动脚找东西。"他们义无反顾、凤凰涅槃的执着精神实在令人敬佩。然而，除了鲜活的史料以外，中国工业设计史写作一定是需要研究者的观念作为支撑的，否则非常容易沦为中国工业设计人物、事件的"点名簿"，这不是中国工业设计历史研究的终极目标。丛书的作者们以发现影响中国工业设计发展的各种要素以及相互关系为逻辑起点并且将其贯穿研究与写作的始终，从理论和实践两个方面来考察中国应用工业设计的能力，发掘了大量曾经被湮没的设计事实，贯通了工程技术与工业设计、经济发展与意识形态、设计师观念与社会需求等诸多领域，不将彼此视作非此即彼的对立，而是视为有差异的统一。

在具体的研究方法上，丛书的作者们避免了在狭隘的技术领域和个别精英思想方面做纯粹考据的做法，而是采用"谱系"的方法，关注各种微观的事实，并努力使之形成因果关系，因而发现了许多令人惊异的新的知识点。这在避免中国工业设计史宏大叙事的同时形成了有价值的研究范式，这种成果的产生不是一种由学术生产的客观知识，而是对中国工业设计的深刻反思，保持了清醒的理论意识和强烈的现实关怀。为此，作者们一直不间断地阅读建筑学、社会学、历史学、技术史、工程哲学乃至科学哲学方面的著作，与各方面的专家也保持着密切的交流和互动。研究范式的改变决定了"工业设计中国之路"丛书不是单纯意义上的历史资料汇编，而是一部独具历史文化价值的珍贵文献，也是在中国工业设计研究的漫长道路上一部里程碑式的著作。

工业设计诞生于工业社会的萌发和进程中，是在社会大分工、大生产机制下对资源、技术、市场、环境、价值、社会、文化等要素进行整合、协调、修正的活动，并可以通过协调各分支领域、产业链以及各利益集团的诉求形成解决方案。

伴随着中国工业化的起步，设计的理论、实践、机制和知识也应该作为中国设计发展的见证，更何况任何社会现象的产生、发展都不是孤立的。这个世界是一个整体，一个牵一丝动全局的系统。研究历史当然要从不同角度、不同专业入手，而当这些时空（上下、左右、前后）的研究成果融合在一起时，自然会让人类这种不仅有五官、体感，而且有大脑、良知的灵魂觉悟，这个社会发展的动力还带有本质的观念显现。这也可以证明意识对存在的能动力，时常还是巨大的。所以，解析历史不能仅从某一支流溯源，还要梳理历史长河流经的峡谷、高原、险滩、沼泽、三角洲乃至大海海床的沉积物和地层剖面……

近年来，随着新的工业技术、科学思想、市场经济等要素的进一步完善，工业设计已经被提升到知识和资源整合、产业创新、社会管理创新乃至探索人类未来生活方式的高度。

2015 年 5 月 8 日，国务院发布了《中国制造 2025》文件，全面部署推进由“中国制造”到“中国创造”的战略任务，在中国经济结构转型升级、供给侧改革、提升电子生活质量的过程中，工业设计面临着新的机遇。中国工业设计的实践将根据中国制造战略的具体内容，以工业设计为中国“发展质量好、产业链国际主导地位突出的制造业”的支撑要素，伴随着工业化、信息化“两化融合”的指导方针，秉承绿色发展的理念，为在 2025 年中国迈入世界制造强国的行列而努力。中国工业设计史研究正是基于这种需求而变得更加具有现实意义，未来中国工业设计的发展不仅需要国际前沿知识的支撑，也需要来自自身历史深处知识的支持。

我们被允许探索，却不应苟同浮躁现实，而应坚持用灵魂深处的责任、热情，以崭新的平台，构筑中国的工业设计观念、理论、机制，建设、净化、凝练“产业创新”的分享型服务生态系统，升华中国工业设计之路，以助力实现中华民族复兴的梦想。

理想如海，担当作舟，方知海之宽阔；理想如山，使命为径，循径登山，方知山之高大！

柳冠中

2016 年 12 月

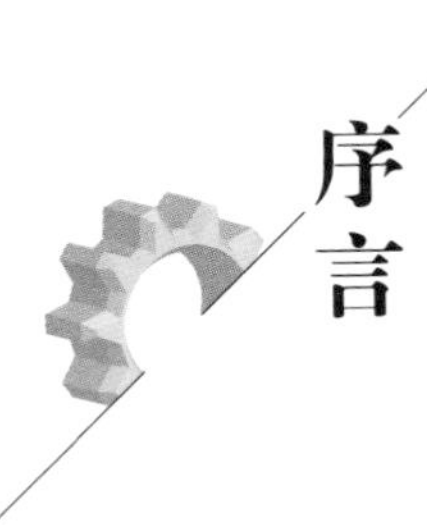

序言

在二十世纪五六十年代，“自行车、手表、缝纫机”被称作中国轻工业三大“当家花旦”产品，而老百姓则称它们为“三大件”，由此可见，这三类产品与中国人的生活紧密相关。

工业设计自诞生以来似乎特别钟情于轻工业产品，而轻工业产品品质的提升也高度依赖工业设计。为此，在“工业设计中国之路”丛书中对轻工业产品进行专门介绍是十分正确的选择。

虽然“三大件”从大类上分均可以看作轻工业产品，但具体到每一种产品的工业设计，其工作内容和方式还是有较大区别的。这是因为每一种产品都有不同的技术基础，也有不同的使用环境，更主要的是有不同的使用者，因此正确把握诸多要素的关系成了工业设计首先必须思考的问题。

“三大件”共同的工业设计话题是产品的美观性，这决定了消费者对产品品质的评价——通过提升牢固度、平整度、光亮度展示产品的结构之美、材料之美、加工之美，并且以追求能够实现批量化生产及形成合理价格为目标。因为这类产品的设计逻辑较为一致，所以通过阅读本书内容，可以发现其工业设计“理念的谱系”。

自行车是支撑人移动的产品，其工艺技术比较复杂，因此在设计时受到结构牢固因素的挑战极为明显。同时，还要考虑整车轻巧、精致的感觉，虽然从整体造型看似乎没有太大的区别，但是在每一个结构处都凝聚着深思熟虑的设计。钟表工艺技术的研发是基于对当时国际行业标准的理解和应用，国家轻工业部特别推行“统一机芯”，所以也保证了钟表工艺的质量，而其他工艺技术的拓展则依赖于设计师的想象力。家用缝纫机的内部结构几乎没有本质的区别，其工艺技术的重点在于制造过程的优化。所以通过阅读本书内容还可以发现其工业设计“技术的谱系”。

从实际情况来看，由于历史原因，中国不同品牌“三大件”的企业历史和设计意识都不尽相同。首先，具有较长发展历史的企业一般都积累了丰富的经验，能够比较成熟地运用工业设计的方法开展工作，进入了行业“领头羊”的状态；其次，技术基础相对薄弱的企业的产品及其工业设计一般都向前者看齐，有限地应用工业设计方法，属于行业的跟随者；再次，中华人民共和国成立后的新建企业一般服从于全国一盘棋的工业布局和为重工业基地做配套的方针，靠前两者的支援而建成，其支援方法涉及技术转移支援、人员调动支援、生产设备迁移支援，或者整厂搬迁支援。因此，大多可以在生产的产品上看到彼此的痕迹，形成了工业设计“发展的谱系”。

在本书中还有当年的设计师、企业管理人员、消费者对品牌产品的回忆，从另一个侧面反映了中国工业设计是如何在不同的社会条件下回应时代需求的。

上述各种谱系的构建，其线索来源于对“三大件”产品工业设计活动的微观考察，从中可以发现及研究各种要素对其发展的影响。这种研究方式受到了法国社会学家米歇尔·福柯“谱系学”的启发，其成果对于今天的中国工业设计发展具有积极的意义。因为这不仅是从学术上追溯了一段历史，更可贵的是发现了有别于欧美工业设计形态的内容和资料，事实上已经为我们将这些历史资源转换为现实的产业资源奠定了良好的基础。

魏劭农

2016 年 5 月

目录

第一章　自行车

第一节　飞鸽牌自行车

一、历史背景

19 世纪末至 20 世纪初，自行车在天津、北京、上海等地开始兴起，最初为数甚少，只是一些豪门巨富的乘骑，以做玩物。20 世纪 10 年代，天津马路上的自行车逐渐增多，因骑行轻快、便捷，逐步受到人们的喜爱，以做代步和日常少量驮载之用。其间，天津市内各商户多有自备，以图便利，各街也有出租车行供人雇骑。天津周围各县城镇、乡村也屡有所见，应用范围日渐广泛。

据史料记载，自行车作为商品输入天津在 20 世纪初已不难看到。著名的近代报纸《大公报》1902 年 6 月在天津出版，保存了很多当年的信息。1902 年天津鸿顺洋行宣布："专售英美各国男女自行车，各样飞车，时式无练（链）快车，车灯、车铃以及车上应用之件一概俱全。"该广告的附图是一辆女车，这辆女车有车铃、车闸，还有今天已经很难见到的车灯，而车链已经采取全包式。1903 年，天津又出现一批女式自行车，相关广告："美国街巴希克洋行新到德国名厂制造头等新样女脚踏车十部，每部价银六十两。"

1907 年，日商在天津开设加藤洋行，其广告宣布："敝商会现在天津设立分号，专售英国克比多利市之盛货野司会社制造各样新式宝星牌自行车，与众不同。此车真乃货实价廉，且鲜明华丽无比，又兼非常坚固，敝行并可能保长久不坏。共运到五十辆。出售分期交价，以三个月内为限。头一月付洋三十元，第二月三十元，第三月二十元。若付现洋，每辆七十五元。"这则广告说明：首先，自行车在当时还属于贵重物品，已采取分期付款的销售方式；其次，一家洋行一次到货 50 辆，说明

图 1-1　1902 年，鸿顺洋行刊登在《大公报》上的女车广告

图 1-2　1903 年，鸿顺洋行刊登在《大公报》上的男车广告

天津自行车市场容量不小；再次，一些名牌自行车已经出现，宝星牌自行车的性能和装饰已相当先进。除此之外，天津已有春立德、瑞大、大昌等中国人经营的自行车商号。1914 年，华利成车行开业，地点主要集中在东马路、南马路、北马路一带。初期主要经营人力车（天津人称之为胶皮）及其零配件。之后，各车行相继开始兼营德、英、日等国自行车及零配件，随之出现了专营自行车的商店及包销外商某品牌整车或零配件的专营店。到 20 世纪 30 年代初，天津自行车车行已发展到 15 家。

1929 年，天津三条石地区一家“长城”铁工厂开始仿制自行车曲柄、链轮等零件，为天津早期自行车制造业的开发立下了拓荒之功，这也标志着天津自行车行业由商品输入、商品销售以及为商业服务的自行车维修向制造业发展的起步。

日本侵略者发动九一八事变后，在 1935 年以“中日经济提携”为幌子，加紧对华北地区进行经济掠夺。日本资本逐步控制了华北地区的铁、煤、盐等军需资源及交通运输和电力开发。在天津，日本单独经营的公司迅速增加，很多工厂、矿山变成中日“联营”的企业。

图 1–3　天津三条石地区铁工厂旧景

图 1–4　天津三条石地区铁工厂用来生产自行车零件的简易车床

1936 年，日本人小岛和三郎在天津第四区（现河东区）小孙庄老闸口投资建起了“昌和工厂”。新建的厂房安装了百多台日本造的机器，在小孙庄、大直沽等地招了二百余名失业工人和穷苦农民进厂做工。初建时，工厂规模不大，主要生产车架、车圈、前叉、曲柄、轮盘、泥板、三套轴等自行车主要零件。其余零件由日本运来，然后配套组装成整车，生产 26 寸（英寸，下同）铁锚牌绿色自行车。工厂的管理、技术、检验工作由日本人承担，月产约 900 辆。

1945 年 8 月 15 日，日本宣布无条件投降。天津在沦陷时期曾是日本侵略者“华北经济开发”的重点，因而抗日战争胜利后便成为华北乃至全国敌伪产业较为集中的城市。同年 10 月，国民政府成立了“天津市党政接收委员会”，专门负责接收敌伪产业工作。同时国民政府所属各系统、各部门也都出于各自的利益，竞相向天津派出接收人员，建机构，拉帮结伙地大肆强接抢收天津敌伪产业。当时在天津的各种接收机关多达 26 个，互不统属、各自为政、相互争夺，趁机中饱私囊，使天津的接收工作陷入混乱之中。同年 12 月，“河北平津区敌伪产业处理局”在北平成立后，在天津设立了办公处，具体负责天津敌伪产业的接收和处理整顿工作。处理局把敌伪工矿企业中比较重要的、规模较大的都交给国民政府有关部门或原接收单位，归属官营企业，如拨交给资源委员会经营。如此，国民政府确立了官营企业在天津工业中的垄断地位。昌和工厂属日本人经营的规模较大的机械工厂，由控制全国资源和重工业生产的国民政府资源委员会接收，更名为资源委员会天津制车厂。后又与资源委员会天津机器厂合并，更名为资源委员会中央机器公司天津机器厂第二分厂。

1946年3月，停工半年之久的天津机器厂第二分厂终于复工了，复工最初仅有职工一百余人。日本投降后，昌和工厂的日本人焚毁了图纸、技术资料和档案，日本人也跑光了。接收的混乱和腐败导致一些机器设备被盗、损坏，资源委员会接收后虽然增添了一些机器设备，但生产条件仍没有完全恢复，生产时甚至电动机都不够用，需要移动电动机开动机器，生产极其不便，同时还面临原料短缺等问题。该厂工程技术人员克服种种困难，极力恢复生产，终于生产出28寸胜利牌自行车，月产500辆。胜利牌自行车商标以英文字母“V”居中，下边是中文“胜利牌自行车”。英文字母“V”是第二次世界大战时同盟国获胜的标志，已成为同盟国人民渴望结束战争，坚决战胜法西斯的心理符号。用英文字母“V”表示胜利，既是纪念世界反法西斯战争的胜利，也是纪念中国抗日战争的胜利。中国抗日战争的胜利是近代以来中国人民抗击外敌入侵的第一次完全胜利，也是中华民族走向复兴的历史转折点。胜利牌自行车的生产有其特殊的历史纪念意义，但是在严重的通货膨胀、低下的购买力等多重打击下，胜利牌自行车产量小，影响不大。

1947年，胜利牌自行车更名为中字牌自行车，月产700余辆。到1948年，工厂职工恢复到320人。衰败的经济局面导致生产处于半停产状态，年产自行车5 000辆左右。

抗日战争胜利后，全国人民迫切需要一个和平安定的环境，休养生息，重建家园。1948年7月11日，《工业月刊》在杂志社举办了“天津机器工业座谈会”。参加座谈会的天津商会机器工业同业公会常务理事冯雨亭说：“胜利之初，大家认为政府将要加紧建设工作，各工厂无不增资招工计划扩充，不幸战争又行爆发……”“时到今日，

图1-5 胜利牌自行车商标

一切希望俱成泡影，300 家工厂已经半数停工，2 000 台机器仅有 500 台开工……”

“要想好起来，除非大环境变好，工厂自身是绝对没有力量挣扎的。”冯先生的一席话正是当时历史的真实反映。自行车行业也是如此。天津唯一能生产整车的天津机器厂第二分厂，据《工业月刊》记者的说法“该厂全部设备能力每月可出产 4 000 辆自行车，全部开工时使用工人约 1 500 名”；而天津橡胶业有自行车外带机 163 台，内带机 26 台，最高月产量为自行车外带 7 万对、内带 9 万对。但实际情况与当时的最高生产能力相去甚远。

同一时期，尽管具有一定规模的鼎泰铁厂能生产自行车管，但一些生产自行车零件的小厂、小作坊却应运而生，数量达到几十家。冯先生说：“现在机器工业有一个不好的趋势，就是化整为零。因为大型工厂开支太大，在制造品上往往敌不过小型工厂。小型工厂只有一个经理率领几个工人学徒便可以工作，经理又是工头又是技师又是司账，他们的开支可以减到最低限度。在此种机器工业不景气的时候，他们处处可以用低价取胜。所以，现在有许多大型工厂为时势所逼，也逐渐地化整为零了。”

1949 年 1 月 15 日，天津解放。16 日上午，天津市军事管制委员会工业接管处派人来接管工厂，原国民政府资源委员会中央机器公司天津机器厂第二分厂改名为天津机器厂第二分厂，直属天津市军事管制委员会领导。企业的性质也由官僚资本转变为国有企业。1 月底，在多方面支持下，工厂全面复工，2 月开始正式生产自行车。4 月 1 1 日上午，中共中央政治局委员、书记处书记刘少奇来厂视察。由于战争的破坏，厂房破烂不堪，设备陈旧，生产的中字牌自行车质量差，被群众称为“阿司匹林车”，意思是骑着重、出汗，因此销售极其困难。刘少奇视察后，鼓励大家不要灰心，只要把职工发动起来，大家一条心、一股劲，齐心协力，是一定能够搞好的。并指示对厂房、设备进行修复，改善生产条件，提高产品质量，创造新的产品，从而大大鼓舞了自行车厂的职工，为日后研制飞鸽牌自行车奠定了基础。1949 年 10 月 1 日，在中华人民共和国成立的礼炮声中，厂名正式定为天津自行车厂，职工达到 387 人，年产自行车 6 890 辆。

新中国的成立极大地激发了天津自行车厂职工的生产积极性，全厂开展了轰轰烈烈的“造新中国一代坚固、耐用、美观、轻快的自行车”活动。1950 年 4 月，二十多名工人自愿组织起来，拆解了当时各国名车，取其所长，经过反复试验，对生产工艺做了较大改进，较好地解决了原车骑行吃力、不牢固的问题。1950 年 7 月 5 日，10 辆样车制造出来了。经过技术鉴定、性能试验、质量检验，各项指标都远远超过中字牌自行车，“轻便、坚固、负荷力大”成为新车的三大优点。样车试制成功的基础是：翻身解放极大地激发了全厂职工的劳动热情，全厂开展了学文化、学技术的活动，大家认真钻研生产技术；中央人民政府重工业部机器工业局工程师深入车间，传授淬火专业技术知识，并和工人一起操作，克服了长期没解决的热处理技术问题；积极开展技术革新合理化建议活动，充分发挥专业技术人员和技术能手的作用，使生产技术水平有了显著提高；此外，厂领导还注意收集市场对自行车的评论，转告职工，随时指出改进的方向，并在生产竞赛中建立了零件制造的样板制度等。例如，样车试制成功后，技术人员经过反复试车发现条母、车圈等零件尚有缺点，立即提出了改进计划，厂领导发动全体职工继续为提高质量而努力工作。

1950 年 10 月 1 日是新中国成立之后的第一个国庆节，飞鸽牌自行车推向市场。1950 年，全部采用国产零部件的飞鸽牌自行车年产量为 7 257 辆。1951 年 1 月，正式淘汰了中字牌自行车。1951 年，天津自行车厂年产自行车 11 417 辆，为支援抗美援朝战争还生产了军用手推车 1 350 辆。

图 1-6　1950 年 7 月 5 日，第一辆飞鸽牌自行车成功试制留影

图 1-7　1950 年 10 月 1 日刊登的飞鸽牌自行车广告

第一章　自行车

二、经典设计

在国内自行车产业发展初期，各个厂家的产品造型大同小异，基本上分为三个型号，即：28、26、24，此标准是按照车轮尺寸来划分的，例如，28 自行车就是指车轮直径为 28 英寸，由此类推。到了后期，还逐渐出现了新的尺寸，有些山地车实现了 22、20，甚至更小。飞鸽牌自行车最为畅销的型号是 28 寸男车，该车针对男性用户，尺寸较大，整个车身基本以直线条勾勒出的三角结构为基础框架，十分硬朗、大方。

20 世纪 60 年代，为了规范自行车零部件的名称和基本尺寸，轻工业部组织全国的技术设计力量设计标准定型车，简称“标定车”，由此确定了飞鸽牌自行车的基本形态和一系列技术指标。在当年的《天津自行车产品样本》中有关于该车特点的表述。

（1）骑行轻快，坚固耐用，式样大方，城乡咸宜。除骑车人外还可载重 50 kg 左右。

图 1–8　飞鸽牌 28 寸标定型男式自行车

（2）车架、车把等均采用先进的“高频焊接钢管”，强度高，能经受剧烈冲击，不开裂。

（3）车圈采用焊边式，强度高、载重量大。外胎衬里为 12 股线网布，胎面含胶量高，坚固耐用。

（4）车架、前叉经烤三道油漆：红底漆、头度漆、末度漆，颜色光亮，附着力强。电镀件研磨精细，镀层厚，防锈能力高。

（5）双腿支架，承受力量大，并带有锁板，支撑稳妥，车闸采用轮缘式，后闸为大曲拐式，刹车灵敏。

（6）轴挡选用优质钢制造，耐磨性强。钢珠采用轴承钢制造，耐压性和耐磨性高，不易破裂。前、后、中轴均采用珠架，转动灵活。

（7）车架大身较长，便于上下车。

随着标定车的设计开发成功，设计的重点之一转向适合农村载货使用的载重自行车，该车载重核定为 100 kg，是标定车的 2 倍，采用 12 股帘线的加重轮胎，以适合载重量增大的需求。同时装有优质钢制造的轴挡，增强了耐压性、耐磨性，使之不易开裂。特别引人注目的是首次采用了 4 个支柱做后行李架支撑，这样就使之具有

图 1-9　飞鸽牌 28 寸载重自行车

了强大的负荷能力。自行车支架采用双腿支撑，既方便了装卸货物，又保证了支撑稳妥。

飞鸽牌 28 寸双梁自行车是载重自行车设计开发的优秀成果，也折射出当年自行车设计的立足点——牢固、实用。

对于要承重 100 kg 的货物，并且要在不同质量的道路上行驶，经受各种冲击的自行车而言，选择双梁加固无疑是一种好办法，但与此同时也不能忽略美观的要素，因为如果车架钢管过粗，那么肯定会使产品显得笨重。为此，该车定位正如在《天津自行车产品样本》中所表述的："坚固耐用，适宜国内外城镇使用。"同时，在介绍该车车架时特别表述了"钢管接头处均加衬管和销钉，强度高，刚性大，经受冲击震动不变形"。

在决定自行车总体造型之前，必须做车架冲击强度试验。试验条件包括如下三条：荷重，载重型车架荷重 100 kg 进行试验；冲击频率，冲击试验机的凸轮每分钟 250 转；连续冲击时间，3 小时左右。试验方法是将车架、平叉嘴装于专用冲击机的固定轴上，在前管内装一根形状与前叉相似的撑杆，支于偏心距为 25 mm 的凸轮上，在立管孔上端紧固一根"7"字形实心圆管，在圆管上部加上规定荷重，然后进行冲击。在规定冲击时间内，车架部分不得有裂纹、断裂、脱焊现象。

图 1–10　配有全套附件（打气筒、车灯、行李绷带、后视镜）的飞鸽牌 28 寸双梁自行车

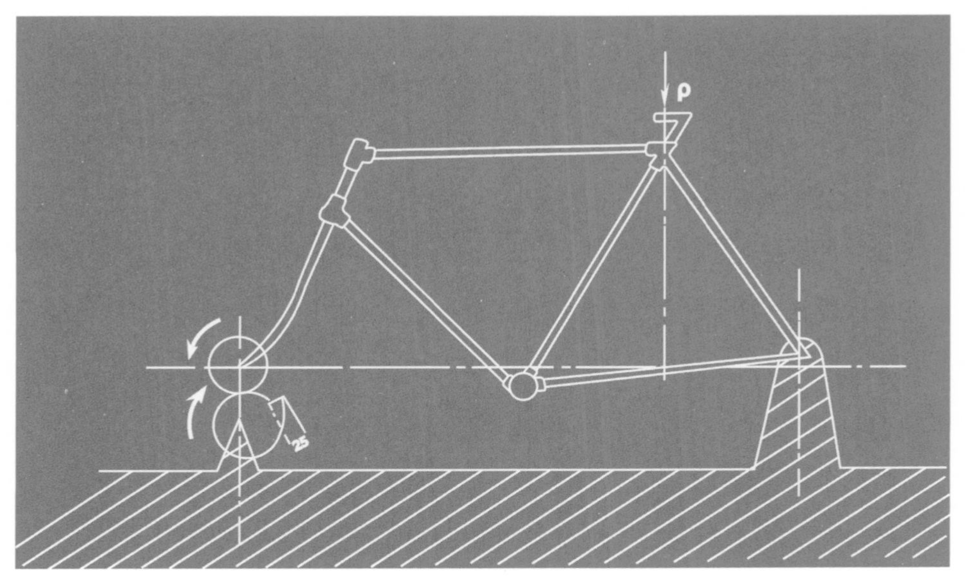

图 1-11　飞鸽牌自行车车架冲击强度试验示意图

车把是自行车的导向操纵装置，其外形必须左右、上下对称，同时，它承受着人体前屈的压力和路面的冲击，所以要具有足够的强度。此外，它位于自行车的正前方，外观造型也应光泽美观。

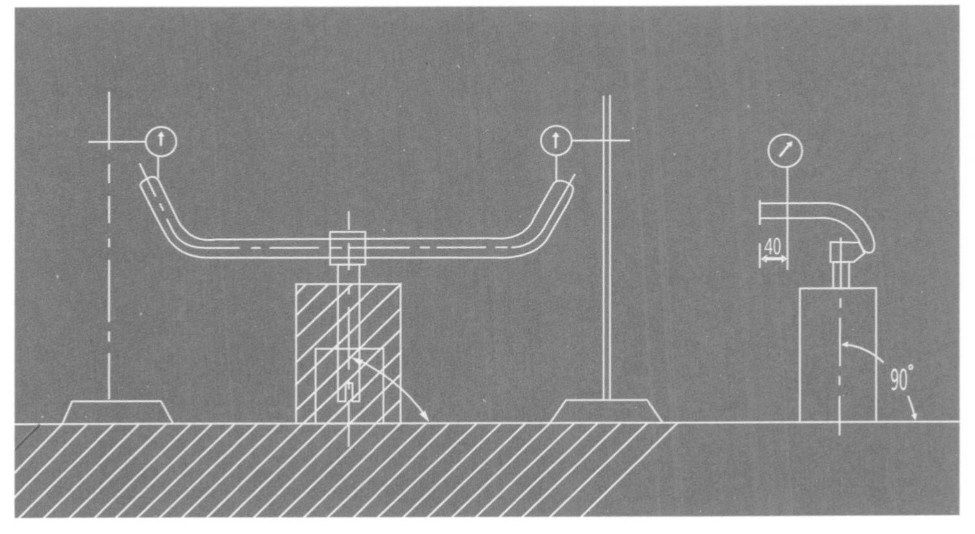

图 1-12　飞鸽牌自行车车把压力试验示意图

飞鸽牌自行车车把设计为平撬式，宽度为 475 mm，采用外径为 22 mm 的钢管，具有管度大、操纵灵活的特点，电镀后增加了产品的美观度。其设计的尺度、用材也来源于试验：其一为对称性试验方法，将把立管按图示紧固于平台上，使之与平台垂直，在把横管两端距离 40 mm 处，测量两面高低之差；其二为静负荷试验方法，将把立管按图示紧固后，分别在把横管两端离顶端 40 mm 处，施加 40~50 kg 荷重，经一分钟后除去荷重，测量永久变形，先测一面，再测另一面，以两次所测最大值为准；其三为车把外观，须经电镀防蚀处理，外露表面应光亮，不得有起泡、剥落及明显的花斑缺陷。

飞鸽牌自行车开发的第二个方向是面向城市消费者使用的轻便车，其主要特征是取消原有的双腿支撑结构，因为城市用自行车主要是代步而不是载货。

图 1–13　飞鸽牌轻型 26 寸女式自行车

飞鸽牌轻便自行车在产品细节的设计上坚持不断创新，以满足消费者对“新”与“美”的追求。飞鸽牌自行车生产厂是最早探索改进喷漆工艺的企业，较早地改进了电镀工艺，因此在产品设计上使设计师具有了比较大的发挥余地，细节设计能够直接吸引消费者的目光。另外，利用零部件可替换的特点，配置各种富有个性的零部件，可以进一步达到丰富产品品种而又不增加生产成本的目的。

把手与车闸连接部件

前叉

车铃

车闸

图 1–14　飞鸽牌 28 寸男式自行车零部件局部图

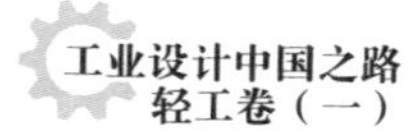

在这种设计思想的指导下，车把套品种十分丰富。设计师采用硬质与半软质材料，结合平头、圆头两种基本形态和略有差异的色彩设计各种纹样，打造了比较丰富的感性价值，增加了产品的美感度。得益于 20 世纪 70 年代对石油化工业的引进，原先紧张的橡胶原料开始被廉价耐用的塑料所取代，设计师通过对车把套装饰纹样进行不断更新，在整车功能不变的情况下极大地丰富了产品的个性。

图 1–15　款式多样的飞鸽牌自行车车把套设计（图中数字是各个序列编号）

飞鸽牌自行车的驱动系统采用半链罩、链轮的设计，考虑到由于采用半链罩，链轮（以后多称牙盘）暴露在外有可能影响视觉的情况，设计师设计了多种造型。针对成本更为低廉的半链罩款（如 62 型、68 型），自行车厂选择对曲柄链轮组合件进行改良。链轮有超过 10 款风格各异的造型，从中国古典的火纹造型到时尚优美的雪绒花造型，迎合了各种人群的审美需求，因此飞鸽牌自行车成为当时中国出口产品中最受欢迎的自行车产品之一。

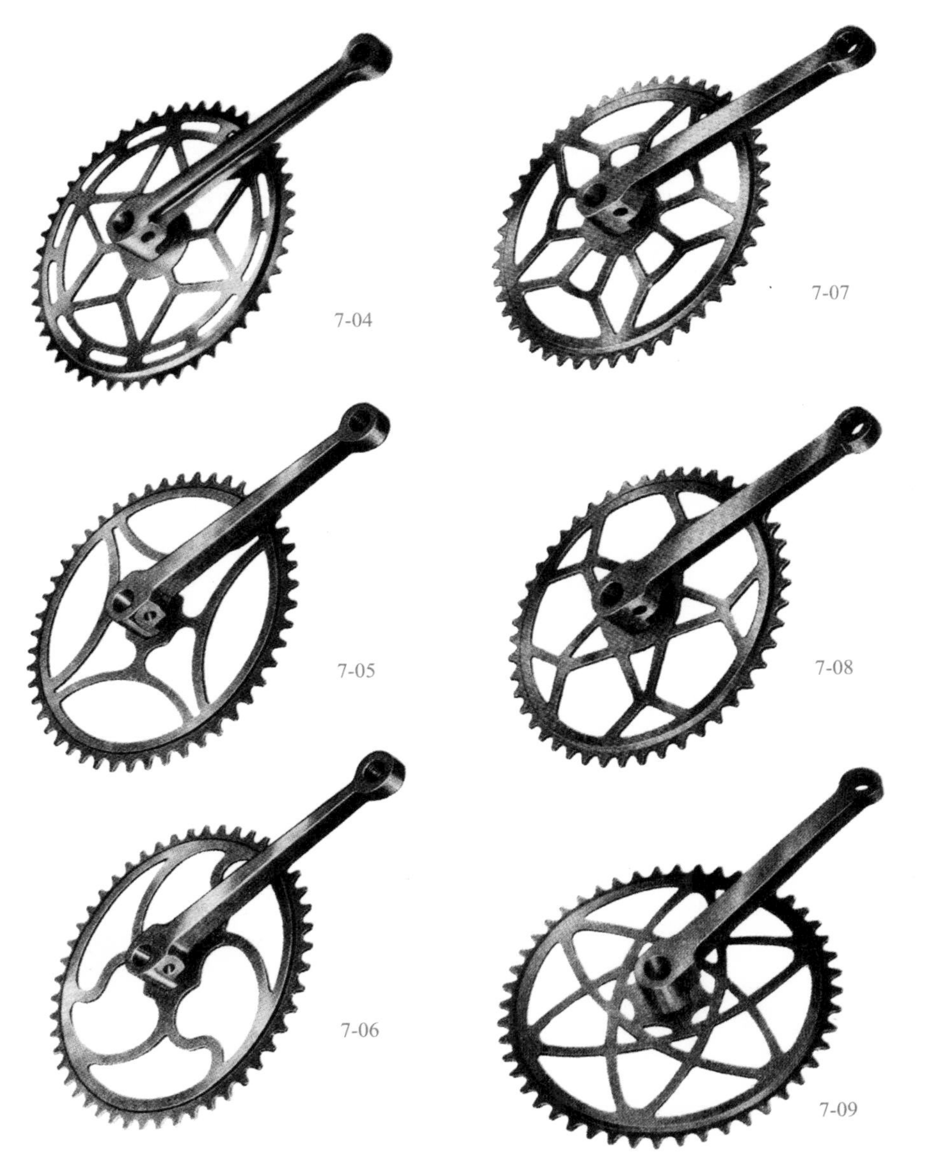

图 1–16　飞鸽牌自行车链轮设计（图中数字是各个序列编号）

飞鸽牌自行车外胎素以质量优良、结构坚固、负荷量大、经久耐用等特点著称。为使产品质量精益求精，自行车厂不断改进技术，革新制造工艺，产品质量显著提高，各项性能指标均达到国家标准要求。

产品胎里线层选用优质棉纱编织，帘线合股紧，拉力大。根据不同使用要求，分为 9 股、12 股、15 股双层结构。采用先进工艺乳胶浆浸渍，线层组织浸透胶质、硫化成型后，胎体坚实，黏合强度在 3.5 kg/cm² 以上。负荷量大，久不脱层，使用寿命长。

胎面采用优质胶料，加配高强度耐磨炭黑。胎面抗拉强度为 200 kg/cm² 以上，经久耐磨，具有足够弹性。

胎边结构采用新设计。软边胎边与车圈内口吻合严紧，不脱口；硬边胎边（钢丝胎）配有用胶帆布包扎的无接头钢丝圈，紧扣在车圈上。

胎面花纹、造型新颖，设计合理。花纹饱满，附着力强，雨道不滑，行驶阻力小，乘骑省力、轻快、平稳、安全。

脚蹬强度高，可承受 150 kg 荷重。脚蹬转动部位热处理硬度高，可达洛氏硬度 HRA70 以上，经久耐磨。脚蹬轴淬火处理，韧性好，强度高。脚蹬皮坚韧耐磨，可达洛氏硬度 HRC65~75，抗拉强度达 30 kg/cm²。

座垫为人造革，造型美观，色泽光润，坚韧耐用，不脆裂，雨淋日晒不变形。轻便型鞍座加工精细，外观工整大方，衬垫良好，乘坐柔软、舒适。鞍梁以优质钢材制成，强度高，弹性好，支撑稳固。鞍梁和弹簧均经过表面处理，分别镀铬、镀锌或烤漆，光泽耐久，防锈力强。

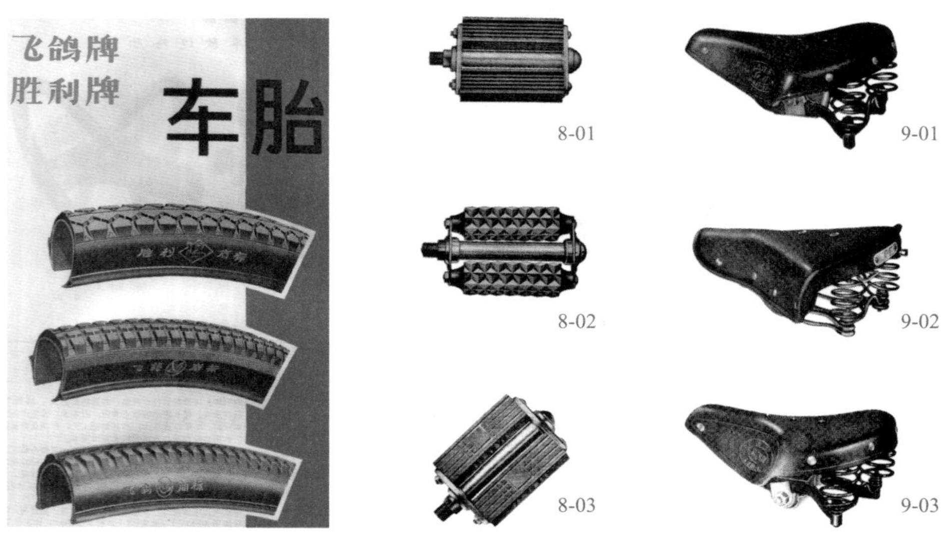

图 1–17　飞鸽牌自行车轮胎、踏板、座垫设计图（图中数字是各个序列编号）

三、工艺设计

1954年，飞鸽牌自行车在全国自行车质量鉴定评比中首次获得第一名。1956年，在制管加工中采用了电阻焊工艺。同年，车架盐浴浸焊工艺使用，提高功效10倍以上，适于大批量生产。1957年，开始采用氰化钠液体渗碳工艺，显著提高热处理工艺水平，其工效和质量明显提高。同年5月，首次按国家标准生产出PA01型标准定型自行车，命名为“标定车”（男式、710 mm），全部采用公制计量标准。标定车改变了中国自行车在产品设计、规格尺寸等方面各自为政的混乱状态，统一了全国自行车零部件名称和产品设计规范，在明确及统一产品质量要求等方面起到了重要作用，开创了天津自行车产品设计和技术条件步入正轨的新局面。

政府对天津自行车行业的投资和技术改造是天津自行车行业高速发展的物质基础。1958年，中国第一条单镀种机械式电镀自动生产线在天津诞生，实现了机械化连续生产，生产率成倍提高。

为延长使用寿命及提高产品美感度，天津自行车厂汪铁堂、张更生、赵福林、李文贵、刘亚兴、姜国利、袁士芳等人员组成的攻关组与天津油漆厂、天津化工研究院等单位合作，通过对进口设备的改装、导静电油漆及烘干装置的研制，于1965年在全国率先试验成功静电喷漆工艺，解决了手工浇漆、浸涂、喷涂等传统工艺所固有的油漆利用率低、漆膜表面厚薄不匀且有流痕及操作工人慢性苯中毒等弊端，上漆率由30%提高到90%以上，使油漆工艺自动化成为可能。1966年，天津自行车厂的油漆前处理工艺也实现了重大突破。在这以前，自行车油漆前处理先后采用过酸洗后人工打磨、低温磷化、中温磷化等人工或半机械化加工方式。天津自行车厂的蔡松年、李景云等试验用中性乳化剂取代氢氧化钠除油，成功地将除油、除锈两道工序合并为一道工序，工时缩短了5倍，油漆前处理工艺取得了突破性进展，迅速在全国同行业推广。

1973年，天津自行车厂齐仲华、王世良、宁培德等成功试验全光亮镀镍工艺，以铜–镍–铬电镀一步法取代了镀合金—抛光—镀铬工艺，免去了抛光工序，开创了电镀技术发展的新局面。至 20 世纪 80 年代初，为提升产品竞争力，天津自行车厂引进了日本、联邦德国的“欧米伽”静电喷涂、粉末喷涂等先进设备，自行车涂漆技术水平得到了大幅提升。

天津自行车厂对自行车关键零部件的技术和工艺的改进一直没有放松过。前叉是自行车的关键零部件，其作用是：承受前轮和骑行者的载荷；将车把的转向运动传给前轮；叉腿下端压有弯度，能促使自行车有向前直行的导向性能，并起缓冲作用。因此，其结构应坚固，以便承受荷重、冲击和转向的扭矩；两叉嘴开口左右、上下应对称，以保证自行车骑行中具有良好的稳定性和前后轮一致性。由于是经受冲击概率最高的部位，前叉的牢固度在很长的一段时间内都是设计师必须攻克的难关。直到 20 世纪 70 年代，各地的自行车厂仍在努力改良设计，而天津自行车厂较早地进行了全面试验。前叉的技术要求和试验方法如下。

（1）正向负荷强度：在前叉嘴的正向，施加规定的荷重（轻便型 50 kg，普通型 55 kg，载重型 60 kg）。经 1 分钟后，永久变形不应大于 1 mm。

试验方法：将立管紧固在支架上，在叉嘴中心加上荷重，用百分表测量其永久变形。

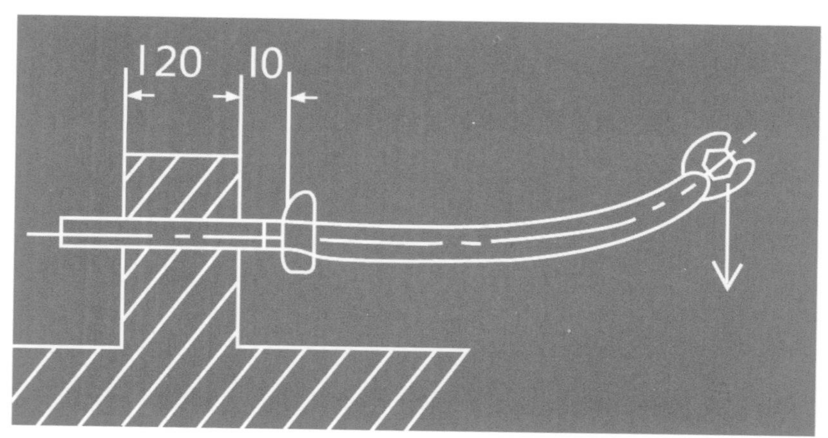

图 1–18　前叉正向负荷测试示意图

（2）侧向负荷强度：在前叉嘴的侧向，施加规定的荷重（轻便型 40 kg，普通型 45 kg，载重型 50 kg）。经 1 分钟后，永久变形不应大于 1.5 mm。

试验方法：将立管紧固在支架上，在叉嘴中心加上荷重，用百分表测量其永久变形。

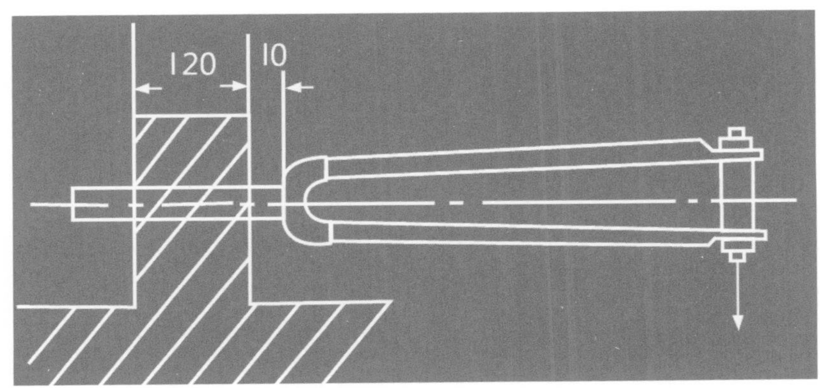

图 1-19 前叉侧向负荷测试示意图

（3）立管中心与两叉腿压扁处的对称中心应在同一中心线上，其偏差不应大于 1 mm。

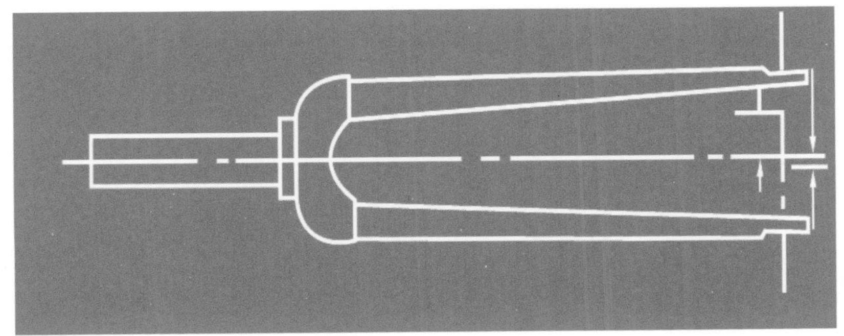

图 1-20 前叉立管中心示意图

（4）前叉腿的叉嘴开口应上下平行，其偏差不应大于 0.8 mm。

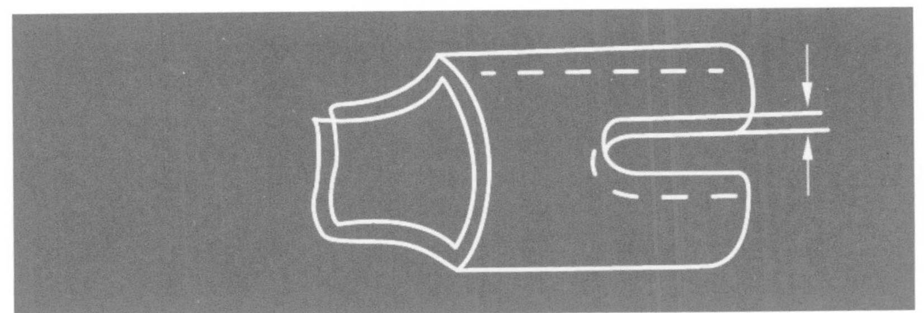

图 1-21 前叉腿的叉嘴开口示意图

第（3）（4）项的试验方法：将前叉置于平台上，以立管为基准按图定位，使立管中心与平台平行；用角尺在两叉腿距肩部 100 mm 处校正前叉位置，使其与平台垂直，然后测量前叉腿压扁处中心线的偏差及前叉嘴上下平行偏差。

飞鸽牌牙盘设计的丰富性与其制造工艺的革新密切相关，有文献记载了牙盘工艺改造的过程。

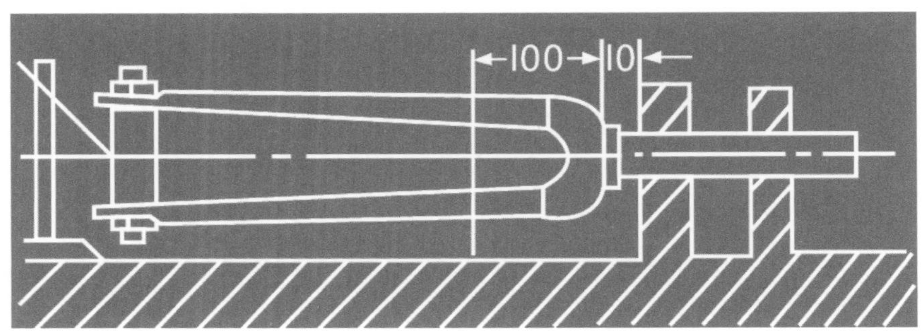

图 1–22　前叉测试示意图

图 1–23　最终定型的飞鸽牌自行车前叉保证了整体产品的可靠性

牙盘是推动自行车前进的主动轮。在过去，牙盘制造工艺是先把长长的带钢剪切成206 mm×615 mm规格的板材，分别在160吨、200吨、250吨三种冲床上进行单机加工，完成落料冲牙、冲中心孔、砸牙、冲花孔、压筋等工序后成型。这种生产工艺落后，不适应生产发展的需要——效率低、占地面积大、运输量大、劳动强度高，因为操作完全靠人脚踩、手凿，所以容易发生人身事故。天津自行车厂的技术人员与广大工人经过努力，大胆创新，改革了工艺，将单机多工序生产牙盘改造为多工步成型生产牙盘，并充分利用边角余料一次完成闸板切料成型。经过实际生产验证，效果良好。

主要特点：

（1）可采用大盘带钢，减少剪切工序。

（2）采用多工步级进模，实行长料长冲连续生产。

（3）采用机械传动送料，使用电子顺序数字控制器控制工步动作，便于操作，安全可靠。

（4）利用边角余料同机生产闸板切料。

（5）采用液压推动齿条，以超越离合器控制送料机的转动，送料准确得当。

经济效果：

（1）采用多工步成型生产牙盘，节省2台设备、4名工人。

（2）提高工效，保证部件质量。

（3）文明生产，防止人身事故的发生，减少工序间运输量。

（4）节省原材料5%。

在料架上把带钢头引出，送入调直机，将带钢调平，顺着固定的环形送料架进入输料控制器，通过输料控制器将料头引入送料滚带，经过送料滚带的转动，把带钢送进第一工步完成冲花孔、中心孔，送料滚带继续驱动带钢向下一工步移动。第二工步冲牙后，送料滚带继续驱动带钢前进，将牙盘成型完的料框送入第三工步冲切闸板的部位，利用边角余料冲切4个闸板，送料滚带继续驱动带钢前进，滑块上模切断废料，这样依次循环完成送料、牙盘冲切、闸板冲切、废料冲断等工序。冲下

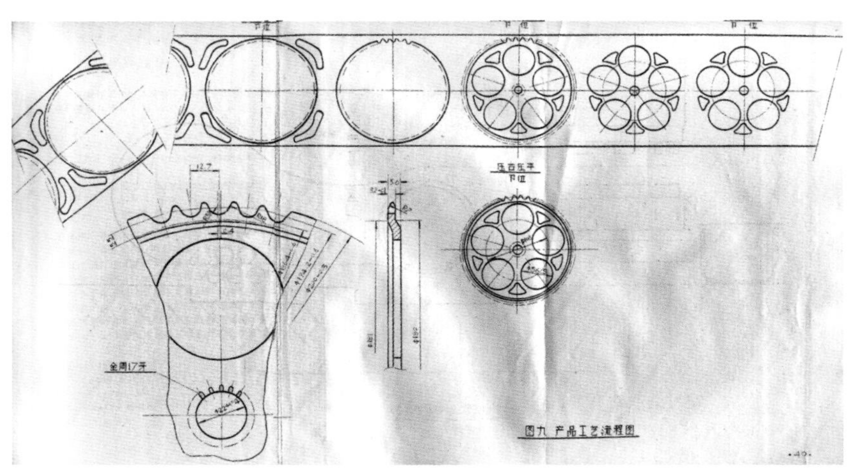

图 1–24　创新设备和技术后自行车牙盘加工示意图

废料完全用气动机械手推出。

工序流程为：料架—调直机—固定环形送料架—输料控制器—送料滚带—冲花孔、中心孔—步进空定位—冲牙—步进空定位—冲切闸板—切断—容器。

以上工作说明，工艺技术的不断更新使产品具有了生命力，也使工业设计以促进产品质量和品质整体优化为目标的工作能够顺利展开。

四、品牌记忆

1. 品牌名称的诞生

飞鸽牌自行车的诞生是一种历史机遇的证明。关于给新车起什么名字，职工们颇费了一番思量。有人说："现在国际上正开展保卫世界和平的运动，咱们要为世界和平做贡献，就叫'鸽子'吧。"还有人说："我们这鸽子又结实，又轻快，两个轮子就像翅膀，就叫'飞鸽'吧。"新车试制成功后，《天津日报》报道："试制成功和平牌新式轻便自行车。"1950 年 10 月 1 日，《天津日报》刊发广告，称"中央人民政府重工业部机器工业局天津自行车厂出品飞鸽牌轻便自行车"。这一广告确认了经上级批准后自行车定名为"飞鸽牌"。给新车起名的过程体现了这样一个事实，即"飞鸽"的本意是"和平"。和平是经历长期战乱的中国人民最大的愿望，而且和平是建设新中国必不可少的重要条件，这是全国人民的热盼，也是飞鸽牌自行车能发展起来的社会理性需求。1950 年 5 月 1 日，天津隆重召开庆祝五一国际劳动节大会，在大会上成立了中国保卫世界和平委员会天津分会。天津生产的恒大牌香烟盒上也印了“保卫和平”的字样。飞鸽牌自行车定名的过程清晰地反映了时代的主题要求——和平。

1989 年，天津自行车厂投产飞鸽牌 83 型、84 型男女款自行车，采用双色烤漆，美观大方，一问世即成为市场的走俏商品。1989 年 2 月，这两种自行车被作为国礼赠送给来我国访问的美国总统布什夫妇。企业生产的飞鸽、红旗、斯普瑞克、斯塔特牌自行车及多种品牌自行车零部件畅销全国，并远销世界五十多个国家和地区，在国内外享有很高的知名度。

1989 年，飞鸽牌自行车迎来了品牌历史中的巅峰时期。曾任美国驻中国联络处主任的布什在其任内的一大爱好便是骑车环游北京名胜。在得知已就任美国总统的布什来访后，天津自行车厂毛遂自荐希望能将飞鸽牌自行车赠予美国总统，而布什总统夫妇与飞鸽牌自行车的合影也成了飞鸽牌自行车在这一时期最成功的广告，在太平洋彼岸掀起了一阵“飞鸽热”。

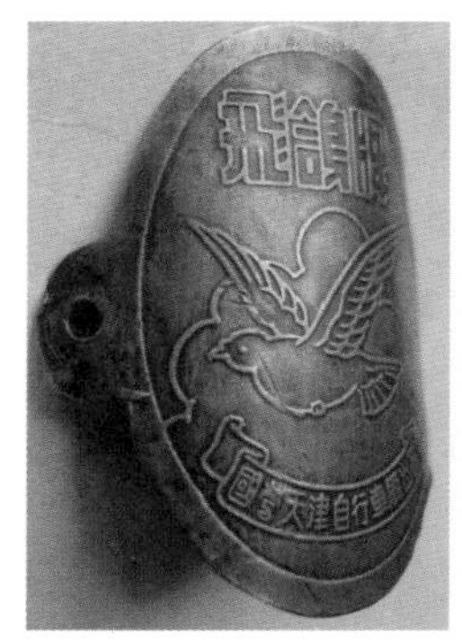

图 1–25　飞鸽牌自行车商标演变

1990 年，轻工业部部长曾宪林访问古巴时将飞鸽牌自行车作为国礼送给古巴总统卡斯特罗。2006 年，公司又把当时研发出来的碳纤维新材料自行车送给了意大利总理普罗迪。飞鸽车业制造有限公司副总经理高用亮说："普罗迪总理是自行车运动爱好者，对世界各个品牌的自行车都非常了解。当时外交部把这个任务安排到我们公司后，我们就把最新款的碳纤维新材料自行车送给了普罗迪总理。他收到我们的这份礼物后非常高兴。"

公司质检部部长赵志国说："飞鸽牌自行车不仅是国礼，还经常做一些特殊的定制，比如，给曾经的第一高人穆铁柱定制自行车。80 年代的主要代步工具就是自行车，由于穆铁柱身高比较特殊，他提出来希望能够按照他的身材比例定制一辆自行车。我们的技术人员就为他重新设计了一辆自行车。穆铁柱收到自行车后说终于能骑上一辆舒适的自行车了。"

2. 飞鸽发展之路回眸

从中华人民共和国成立，完成社会主义改造，到天津自行车行业划归车具工业公司，可以说天津自行车行业得到了全面、快速的发展，并完整地纳入到计划经济的管理体制中。究其原因大体如下。

第一，中华人民共和国成立和当时世界发展的总趋势使中国有了一个相对和平的发展环境，天津自行车行业迎来了一个大发展的好机遇。

第二，国民经济的迅速恢复、第一个五年计划的实施和建设工业化强国的理想，给天津自行车行业创造了良好的经济发展环境。

第三，随着经济的恢复和发展，人民的生活水平迅速提高，对自行车的迫切需求成为人民生活水平迅速提高的一个重要标志，市场上出现了自行车供不应求的局面。

第四，中华人民共和国成立后，由于党和政府的正确决策，自行车行业的生产力得到快速发展。无论是中华人民共和国成立后的三年经济恢复计划，还是后来逐步实施的公私合营的社会主义改造，都有力地促进了经济的发展。当时，国有企业、私营工厂、手工作坊的生产品种及生产规模都得到了迅猛扩展。在社会主义改造完成后，天津自行车行业呈现出高速发展的良好态势。双喜牌自行车在公私合营高潮中出现并大量生产，这就是当时天津自行车人心态和能力的真实体现。

第五，中国历史性地选择社会主义道路和社会主义制度。

1965 年，天津车具工业公司更名为天津自行车工业公司，隶属于天津市第一轻工业局。在之后的两年内，公司先后组建了天津市链条厂、天津市飞轮厂、天津市鞍座厂、天津市钢材改制厂，使自行车零部件配套更加完善。1966 年，双喜牌自行车更名为红旗牌自行车。1970 年，天津自行车年产量达 112.43 万辆，首次突破百万辆，职工 12 482 人。到改革开放前的 1977 年，天津自行车年产量达 195.8349 万辆，是 1949 年天津自行车年产量的 280 倍。

图 1-26 红旗牌自行车简介（选自 1966 年《天津自行车产品样本》）

图 1-27 红旗牌自行车说明书

20世纪80年代，国家实施重点发展轻工业的产业政策，使天津国有自行车行业进入发展的扩张期。英国的兰翎自行车在20世纪上半叶的中国消费者和后来的造车人眼中都是买好车和造好车的重要标志之一，也是造车人长期追赶的目标，形成了天津几代造车人赶超世界好车的精神情结，以至于积淀成强烈的自行车行业的使命感。1980年，天津自行车厂生产的飞鸽牌PA22型轻便男车获得国家银质奖。这种车是在1967年参照英国兰翎自行车的技术品质生产出的飞鸽牌轻便男车，后经不断完善，定型为PA22型，技术特点为：规格710 mm（车圈直径），菱形车架，车架、前叉等主要部件采用高强度低合金锰钢附以不等壁管加工工艺制造，传动部件的材质和加工工艺均采用优质材料和特殊工艺，使PA22型飞鸽牌自行车具有美观、轻快、耐用的优良品质。这个创新成果的研制及开发集中反映了天津几代自行车造车人追赶世界先进水平的不懈努力。

在1981年至1990年间，天津市政府先后投资2.4亿元支持自行车行业新建和扩建厂房，进行大规模技术引进和技术改造。1988年合并了十几家企业组建飞鸽自行车集团公司，企业员工达到三万多人。这些举措使天津国有自行车企业的生产能力迅速增长，产量不断提高。1988年，飞鸽自行车集团公司年产量达661.25万辆，创造了天津国营自行车年产量的历史高峰。1987年，天津自行车二厂购买了联邦德国斯普瑞克公司生产自行车的焊接等数条关键生产线及软件，其中焊接加工全部采用机械手自动操作。引进的这套设备具有工艺先进、成本低、品种变换快、精度高、强度大等特点，车架全部采用无接头的气体保护焊工艺；油漆采用底层喷丸处理，表面粉末罩光，漆膜丰满，附着力好。这套设备可以生产越野车、折叠车、运动车、旅游车等7个系列，73个花色品种。用这套设备生产的斯普瑞克牌自行车是20世纪80年代的换代产品，在产品工艺及结构上实现了重大突破。经过对这套引进技术设备的消化吸收，制造的包括机械手全自动气体保护焊在内的125台设备，于1988年在中国率先批量生产无接头自行车，使中国轻便类、运动类自行车升级换代。全自动气体保护焊技术在中国的推广使用，为20世纪90年代初全国性的山地车兴起奠定了技术基础。

图 1–28 20 世纪 80 年代末飞鸽牌自行车说明书封面

1989 年 1 月，天津自行车二厂与天津信托投资公司、日本投资机构、中国香港地区投资机构，在天津经济技术开发区合资成立了天津斯联自行车有限公司。这是天津市第一家以组装车模式经营的自行车整车厂，开始生产单辆包装的中、高档自行车，以适应市场的需要。组装是将不同结构、不同功能、不同数量的零件或部件，根据要求组合为一个整体形成产品，并达到其使用功能的全过程，在自行车生产企业中属整车生产企业的生产方式。最简单的组装是全部零件均为外加工或外购配套，本企业只有自行车组装生产。比较完整的组装则是生产本企业需用的车架、烤漆加工及自行车总装；或只有烤漆加工和自行车总装。天津斯联自行车有限公司最初就是最简单的组装生产方式。这种以组装车模式经营的自行车整车厂，既是国有企业通过积极改革开放形成的适应市场需求的经营模式，又为后来崛起的民营自行车厂家树立了专业化组装经营的样板，更为民营企业的诞生和成长培养了一批人才。

图 1-29　飞鸽牌自行车随车附赠的说明书。改革开放后，通过与国外企业合作，飞鸽牌自行车的产品造型与国际接轨

但是，正如所有传统品牌在 20 世纪 90 年代的境遇一样，飞鸽牌由于营销方式的落后在 90 年代末期陷入了困境。作为拥有六十多年历史的老名牌，“飞鸽”曾与上海的“永久”和“凤凰”一起并列为中国三大自行车品牌。1999 年，上海宝钢集团因“飞鸽”拖欠多年的钢材款 1 400 万元，提起诉讼并要求查封“飞鸽”品牌，逼它拍卖。飞鸽集团领导意识到，虽然天津自行车厂还有其他资产可以执行，但极具潜在价值的“飞鸽”商标很有可能遭遇不测。面对可能出现的无形资产流失，飞鸽集团确立了保卫品牌的方案，主动与原告协商解决债务纠纷。经过艰苦谈判，双方达成“400 万元彻底了断 1 400 万元的债务、解封飞鸽品牌”的和解意向，形成书面协议，最终保住了“飞鸽”商标。

飞鸽自行车集团公司为确保“飞鸽”品牌的价值，坚持运用和发挥“飞鸽”的品牌效应，积极推动企业改革转制。在天津市领导及有关部门的协调和支持下，1999 年 6 月，天津自行车厂、天津市腾达企业总公司、天津华泽集团有限公司共同出资 1 039 万元，组建了天津飞鸽自行车有限公司。这次重组使“飞鸽”再获新生。天津飞鸽自行车有限公司组建当年实现利润 200 万元，2001 年便收回了全部投资。

五、系列产品

1. 飞鸽牌 26 寸公路男车

2010 年，飞鸽牌自行车推出 26 寸男式公路自行车，色调为蓝色。该款产品填补了飞鸽品牌旗下公路车的空白。

图 1–30　飞鸽牌 26 寸公路男车

2. 飞鸽牌 26 寸公路女车

与 26 寸男车同期推出的女款，色调采用钛白银拼土耳其蓝。

图 1–31　飞鸽牌 26 寸公路女车

3. 飞鸽牌山地自行车

该车为26寸规格，是飞鸽在21世纪初推出的首款山地车赛车。色调采用珍珠白，其双碟刹采用铝合金架。

图 1-32　飞鸽牌山地自行车

4. 飞鸽牌折叠自行车

为将品牌产品线与国际接轨，飞鸽推出了20寸平圈折叠自行车，该车一经推出便广受好评。

图 1-33　飞鸽牌折叠自行车

5. 飞鸽牌小公主 / 巡洋舰童车

为争夺国内童车市场份额，飞鸽牌自行车于2010年前后推出两款童车，有12寸、14寸、16寸三个规格，适应不同年龄段的儿童使用。

图 1-34　飞鸽牌童车

第二节　国防牌 / 金鹿牌自行车

一、历史背景

1915年，上海人曹海泉在青岛创办了以维修自行车为主、经销部分零部件的同泰车行，这是我国自行车行业的发源地之一，也是当时山东省最大的自行车生产企业。1927年，同泰车行开始筹建自行车制造厂，在内蒙古路17号购置地皮一处建造厂房，从日本购进设备，从潍坊聘请富有铁工经验的徐祈惠担任厂长和技师。工厂于1929年开工，厂名为“同泰铁工厂”，有工人7名。1931年，该厂雇佣工人一百多名，分别为车工、冶炉工、旋床工、焊接工、电镀工、油漆工、包扎工等，半用机器。“凡车架子上一切物件均能制造，唯车轮一部分须由外洋购办，造出车辆极坚固，与舶来品相类”，定名为铁锚牌自行车。主要部件及车架每月生产1 000个，车圈3 000副，月产自行车900余辆。

图 1–35　国防牌载重型脚闸自行车

1952 年 8 月，泰东铁工厂等 14 个 (后发展到 23 个)、震环铁工厂等 19 个 (后发展到 33 个) 经青岛市人民政府批准，分别组成青岛自行车制造业第一、第二联营社，停工 12 年之久的同泰铁工厂也复工投产。当时，青岛自行车行业的总资产金额已达 144.58 万元，有各种设备 279 台，生产青岛牌和当年投产的国防牌脚闸自行车 990 辆。1954 年 1 月 5 日，青岛市人民政府批准成立了“国营青岛自行车厂”，厂址设在铁山路 83 号，占地面积 3 218 ㎡，建筑面积 4 043 ㎡，职工 74 人，归青岛市工业局领导。6 月，青岛市人民政府批准泰东铁工厂在私营自行车行业中率先实行公私合营；9 月，同泰、普华、顺昌、振华四家分别实行公私合营。当年，青岛自行车产量突破万辆大关，达到 10 789 辆。

图 1–36　国防牌自行车商标，其中的野战炮极具“国防”特色

1955年6月，华昌等13个私营企业实现公私合营。国营青岛自行车厂的成立和私营自行车企业的公私合营，为青岛自行车行业的大合营奠定了基础。

这一时期，青岛自行车行业生产所需的原材料由国家计划供应，其产品也由国家包销。1954至1955年，青岛自行车行业单车成本由合营前的136.11元，降至107.44元，生产率平均提高了30%。1956年，国营青岛自行车厂与18个公私合营厂合并成立公私合营青岛自行车厂，隶属青岛市重工业局领导，厂址设在曹县路29号，占地面积35 202 ㎡，建筑面积29 272 ㎡，固定资产224.4万元，流动资金129.8万元，各种设备444台，设计生产能力年产自行车7万辆和装配3万辆自行车的零部件。当年，又有30个私营自行车厂实现公私合营，并相继并入公私合营青岛自行车厂。至当年年底，青岛自行车行业全部实行了大合营。与此同时，在利润分配上改为按私方所占总资产比例支付定息。至此，青岛自行车行业的生产全部纳入了国家计划的轨道。

1959年，青岛生产的自行车鞍座、链条和车铃相继进入国际市场。1954至1960年，青岛自行车行业在国防牌载重型脚闸自行车和青岛牌普通型脚闸自行车的基础上，先后生产出国防牌普通自行车、曙光牌小轮自行车。此后，又生产出红旗牌载重型脚闸自行车和红旗牌普通型脚闸男女自行车、红旗牌中轴变速自行车、曙光牌涨闸自行车，并且批量生产过三用母婴自行车、机动三轮车、机动脚踏两用车和无级变速脚踏机动两用车。1960年，在全国自行车质量鉴定评比中，青岛生产的红旗牌自行车获得最高分。1960年6月，试制成功第一条环形电镀自动线，1962年正式用于生产，实现了电镀工艺流程机械化。

1961年，公私合营青岛自行车厂更名为山东青岛自行车厂。1964年，山东青岛自行车厂在国防牌自行车的基础上，开始研制载重型和轻便型各种型号的金鹿牌脚闸自行车，并逐步形成系列产品。产品分为ZA41型、ZA42型和ZA43型，主要特点是“三大一吊”，即大飞轮、大牙盘、大扣链子、吊簧鞍座。另外，载重型前后轮中心距较长，前叉坡度大，并配有保安叉及大货架，车圈直径为710 mm。普通型分脚闸、涨闸和普通闸，车圈直径为660～710 mm，为国家标准型自行车。轻便型分为 QZ、QF(女式)两种型号，包括脚闸、涨闸、普通闸三种，车圈直径为 660 mm。此外，还有 508 mm 和 406.4 mm 小型系列自行车产品。尤其是 QF26 型，因结构合理和造型美观，在市场上常销不衰。

1963 年，山东青岛自行车厂增加注册了金鹿牌（其实自 1958 年便开始生产金鹿牌自行车，只是一直没有注册）。1964 年 10 月，面向全国征集设计新金鹿牌商标图案。

1966 年 7 月 25 日，山东省轻工厅批复了“关于国防牌载重型自行车由英制改为公制（脚闸部件除外）”，并决定各种型号自行车统一采用金鹿牌商标。同年 8 月，化工部对凤凰、永久、飞鸽、国防四种牌号的自行车进行烤漆件检测，确认国防牌自行车零部件烤漆质量超过英国兰翎牌自行车烤漆质量，名列第一。金鹿牌 PA41 型自行车当年出口 50 万辆。1967 年，山东青岛自行车厂由公私合营改为国营，因受“文化大革命”的影响，生产遭到破坏，出口业务被迫中断。1969 年 1 月，电泳漆新工艺开始用于生产。同年，曲柄组合加工机床和轮皮磨光机、滚镀机研制成功，并在电镀加工方面采用 6 000 A 可控硅整流器代替直流发电机。1971 年，自行车厂试制成功脚闸（轮皮）螺旋横向轧机（辊锻机）。1979 年 2 月，自行设计的环形车圈镍铁电镀联合机投入生产。

20 世纪 80 年代初，正式成立青岛市自行车工业公司，成为青岛市的一大支柱企业和创汇大户。自行车产量由 1954 年的年产一万多辆发展到 1985 年的年产一百三十多万辆，平均每年以 16.3% 的速度递增。至 1985 年底，共生产各型号自行车 1 164.97 万辆，完成利税总额 49 558.5 万元。职工由合营时的不足百人发展到 1.2 万人，被确定为国家大型二级企业。

二、经典设计

国防牌自行车在其品牌生命的早期并没有针对自行车的核心参数之一——重量进行材料升级与工艺研发，而是通过使用厚重的管材作为原料弥补车体加工精度方面的

图 1–37　早期生产的国防牌自行车，奇特的车铃位置是其一大特色

不足。这种因陋就简的方法曾大量被应用在我国轻工行业的多个产品上，故“有分量”一度被消费者认为是轻工产品质量上乘的关键，而之后诸如镀铬工艺的大幅提升则加强了这种印象。

因为国防牌自行车所使用的范围多为山东半岛及北方多山地区，考虑到消费者多为男性，所以在采用涨闸式刹车的基础上，国防牌自行车的座垫没有像国内其他地方的品牌那样拥有多个款式，而是采用单一、宽大、皮实的造型并配有夸张的弹簧（其他零件也多为统一制式，并无更多造型）。这种设计与其厚重的车体一起成为国防牌乃至更名后金鹿牌自行车的品牌符号。

1. 国防牌 HB1 载重型涨闸自行车

国防牌自行车是由青岛自行车厂（公私合营青岛自行车厂）生产的一种自行车，分为国防牌载重型自行车和国防牌普通型自行车，俗称“大国防”“小国防”。从 1952 年开始生产，至 1967 年更名为金鹿牌自行车共生产 15 年，生产量不多，主要造型特点是“三大一吊”（大飞轮、大牙盘、大扣链子、吊簧鞍座）。采用涨闸制动，后轮采用倒轮闸，脚蹬向后轻倒即可刹车。前轮采用杠杆触闸，刹车力强。

图 1–38　大金鹿（国防牌更名而来）延续了半罩式的链罩设计

图 1–39　自行车脚闸特写。中间的凸起是一个螺丝栓帽，拧开栓帽后可向封闭的脚闸部件灌入机油。早期的自行车普遍采用机油润滑，机油遇到雨淋会迅速从零件上流走，造成自行车零部件磨损。这种设计避免了该情况的发生

图 1–40　自行车弹簧鞍座特写。该鞍座采用一体两组的弹簧设计，常规路况下上层弹簧起到正常的缓冲作用。当骑行到山路颠簸路段时，下层弹簧将会进一步缓冲更为强劲的颠簸，使骑行者始终保持相对舒适的骑行感受

国防牌自行车的车把为浅浅的U字形，粗粗的横梁，与其他产品最为不同的地方是车把下只有右车闸，而涨闸特别适合山地地形骑行，这也造就了国防牌自行车的特殊形态。厚厚的牛皮座、坚固结实的车架及行李架使其驮人载物非常理想。但车辆非常沉，几乎是同类车辆重量的1.5倍。

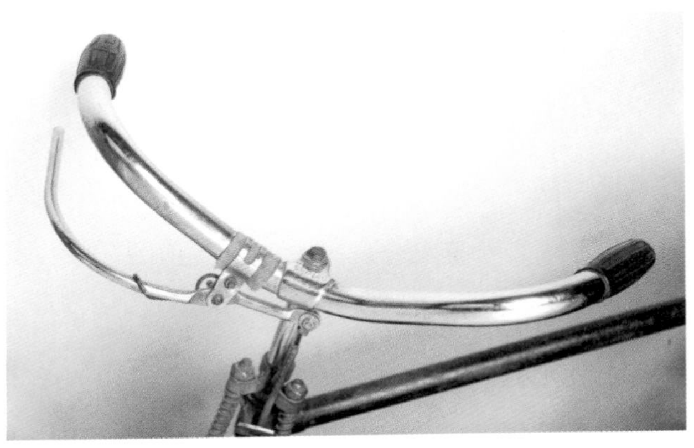

图1-41　自行车手闸特写。由于受到工艺限制，且使用地区多为山地，其手闸并不是主要的制动装置

图1-42　自行车车架特写，其最大载重量超过100 kg

2. 金鹿牌 ZA41 型普通脚闸自行车

金鹿牌自行车在 20 世纪 60 年代末期至 80 年代是响当当的名牌产品。产品共分两种：一种是载重型，俗称“大金鹿”；另一种是轻便型，俗称“小金鹿”。因为金鹿牌自行车坚固耐用，所以深得广大人民群众的喜爱。

金鹿牌 ZA41 型自行车（即大金鹿）与国防牌自行车完全一样，只是换了品牌名称。在市场上由于其载重量大且坚固耐用，被群众称为“不吃草的大金驴”。但该车是以黑色为基本色调，当市场发生变化时，人们戏称它是几十年一贯的“傻大黑粗”。

青岛市自行车工业公司成立后，轻便车（即小金鹿）诞生。虽然主要结构没有改变，是整体缩小版的“大金鹿”，但是由于明确了以城市代步为主的设计目标，因此在产品设计时主要考虑向多花色发展。在色彩上先后增加了透明红、闪光砖红、透明蓝、闪光墨绿等为人喜爱的颜色，并增加了装饰件，例如，装物篮、护裙网、尾灯及彩色外胎、不锈钢挡泥板等，其明快、轻巧和艳丽的外观深受消费者欢迎 。

图 1–43　收藏家展示的金鹿牌 ZA41 型普通脚闸自行车

图 1–44　金鹿牌自行车商标

图 1–45　金鹿牌自行车说明书

青岛市自行车工业公司基于工艺技术的不断更新，同时考虑到市场的现实需求，针对产品的关键问题有限地、有序地运用工业设计。至 1981 年，已经制造了 PA76 型和 PA78 型普通脚闸车、涨闸车和 QE79 型涨闸轻便自行车。1982 年，设计了新型农用加重脚闸车，即 ZA43 型。直到 1985 年，先后设计试制了 6 个牌号 83 个品种、型号的自行车（其中包括三轮客车、机动车和机动脚踏两用车各一种），除淘汰两个品种外，投放市场共 44 个品种，经过实践和市场筛选，大批量生产的产品有 3 个系列 17 个品种，已经鉴定储备的新产品有 37 个品种，共计定型产品 54 个。

三、工艺技术

1957 年，我国镍资源缺乏导致自行车电镀工艺缺少生产资源，因此自行车行业一度处于停产边缘。青岛自行车厂首先提出了用铜锡合金—抛光—镀铬—抛光，为全国自行车行业的电镀体系闯出了一条新的生路。之后，又在此基础上发展了电镀铜锡合金工艺，生产率提高 10 倍，正品率上升到 70%，同时还改善了劳动条件。

与镍相比，国际上铁资源丰富，价格低廉，如以铁来取代部分镍，可缓解资源紧张局面。不仅如此，镍铁溶液中的铁是一个有用成分，这与亮镍溶液中的铁是一种有害杂质不同，故可以降低成品的返工率并减少麻烦的镀液处理，间接降低了生产成本。因此，这个工艺在投产后得到了顺利发展，但是应用的范围有一定的局限性，加工对象主要是腐蚀性轻微和在一般环境中应用的镀件，例如，文教用品、五金家具、厨浴配件、体育用品等。随着工艺不断改进，镀层质量方面的优点日益显现，例如，整平性、韧性、硬度等都比亮镍好，尤其是镀层的韧性最为突出，管状件电镀之后加工成型，可以大大减少废品。至于镀层的抗蚀性能，镍铁合金与亮镍镀层相仿，或者更好一些，在腐蚀介质中虽然比较容易产生淡黄色斑点，但是在适当的多镀层体系中，这个缺点是可以克服的。在长期的大气暴露试验中获得了大量的数据，充分证明这种合金镀层完全可以很好地在腐蚀性强的环境中应用。因此，1974 年以后，应用范围扩展到了自行车零件、汽车外面的部件如保险杠等，以及海洋性气候中的船上用具等。在各种多镀层体系中，不用铜做底层或中间层的“双层镍铁合金 – 微孔铬”体系最为突出，日本广告称其为“电镀大革命”，因为既可以节约镍和铜，又可以不用剧毒的氰化物镀铜液，避免镀铜和镀镍溶液相互干扰而造成故障，还可以简化操作和电镀设备。

青岛自行车厂于 1976 年开始小型试验，1977 年 8 月到 1978 年 7 月进行了扩大试验。通过两年多的试验，青岛自行车厂认识到这个新工艺确有不少优点，是一种多快好省的电镀工艺，在行业内有发展前景。因此，青岛自行车厂确定了两种多镀层体系：单层镍铁合金 – 微孔铬和双层镍铁合金 – 微孔铬，分别应用于金鹿牌自行车的一类二级件脚闸身和一类一级件车圈。脚闸身车间于 1979 年 8 月初采用新工艺投产，生产四个多月后，镀液稳定，质量符合出厂标准，为此青岛自行车厂联合上海轻工业研究所专门在《自行车技术》内部刊物上撰文介绍“单层镍铁合金 – 微孔铬”体系取代原来的“镍 – 铜 – 镍 – 铬”体系，部分内容如下。

1. 原工艺流程

金鹿牌自行车脚闸身的电镀工艺原来是“预镀镍—酒石酸盐镀铜—亮镍—高铬酸盐镀铬”，现在改为“镍铁合金—镍封闭—低铬酸盐镀铬”。电镀设备是原来的直线型自动流水线，没有变动。

2. 新工艺流程

还原挂具上附着的镀铬溶液—电解去油—热水—酸蚀—清水—弱酸蚀—电镀镍铁合金—回收—清水—活化—镍封—清水—活化—清水—低铬酸盐镀铬—回收—清水—热水。

3. 质量情况

脚闸身采用“单层镍铁合金－微孔铬”体系取代原来的“镍－铜－镍－铬”体系后，虽然省去了预镀和镀铜两道工序，缩短了电镀时间，但总厚度并不降低。特别是用了电镀微孔铬工艺，质量不比原来差，在某些方面甚至比老工艺好一些。

中性盐雾试验：脚闸身属一类二级件，中性盐雾试验要求 24 小时不锈，镍铁投产以来，每月两次抽样试验，24 小时通过。1978 年 11 月 6 日在上海轻工业研究所做中性盐雾试验，36 小时未生锈。

镀层外观：脚闸身在直线型自动流水线上投产四个多月以来，镍铁合金镀层未出现过麻点和毛刺的返修品，镀层外观符合出厂要求。

返修率（新老工艺对比）：老工艺平均返修率为 11.4%。新工艺平均返修率为 2.14%。

4. 经济效果

新老工艺成本对比：老工艺电镀每套脚闸身 0.2382 元。新工艺电镀每套脚闸身 0.1691 元。可降低成本的 30 %。

四、品牌记忆

笔者的朋友家一直存有一辆金鹿牌自行车，他在谈话中向笔者回忆起了往事。

当年家里决定要买一辆自行车是因为父亲调到距家二十多公里的一个地方去工作。当时还不具备搬家的条件，什么时候具备条件也说不准。那时没有公共汽车，父亲更不会有公务车。所以，除了两三个月能搭上个方便车以外，他几乎没有回家的办法。

于是，父亲就和母亲商量，要买一辆自行车。母亲先是不同意，一是要花很大一笔钱，买一辆自行车要花去父亲一个多月的工资，而父亲的工资是要养活一家老小七口人的；二是怕父亲骑车不安全，二十多公里的土路，凸凹不平，又多是上岗下坡的山路，况且父亲此前并不会骑自行车。可父亲说，他已经学会了骑自行车；土路虽不平，也恰好骑不快，没什么不安全的。为了说服母亲，他还借了别人的自行车骑回家一趟。母亲犹豫着，最后决定买了。决定买了的一个重要原因是因为自行车的牌子。父亲和母亲说，要买一辆金鹿牌的，这金鹿牌不比别人骑的那种自行车，专事带人，它是“鹰把的、有宽大的后座、二八高的架子”，可以驮很多东西。父亲说这话是知道母亲的心思，为的是能说服母亲同意买这辆自行车。母亲的心思就是购买的所有家庭用品都要有用，她确定“有用”的标准是能在劳作中发挥作用。那时我们刚从辽西到北大荒，母亲在满眼的荒凉中看到了遍地是柴火，庄稼地里有收割后遗落的粮食。父亲的意思是母亲再做这些活计就可以用新买的金鹿牌自行车往家运送。

自行车就这样买回来了，是金鹿牌的。果然，比先前见过的别人家的自行车是有不同：它的把不是平的，弯曲着，就是父亲说的“鹰把”；大梁也比普通的自行车粗一些，最主要的是那个后座，宽大不说，也不是别人家自行车那样镀得铮亮的圆形铁管材料，而是角铁样的黑不溜秋的铁筋，真好像是为驮东西准备的。总之，这金鹿牌自行车比起其他牌子看着骨架大、壮实，也自然显得笨重。如果是现在叫我比喻，别人家那些“飞鸽”“永久”有点像轿车，我家的这台金鹿有点像大货车。

虽是有了这辆金鹿牌自行车，但父亲的回家次数并未见多。那个年代也没什么双休日之说，父亲又是一个把自己完全交给组织的人，他忙起来是不大会顾及家的。不过，这辆金鹿牌自行车看着不大舒服的后座，我倒是舒舒服服地坐过许多次。当然，是父亲骑着自行车带着我。有一年快过春节的时候，父亲要到另一个单位去看和他一起转业到北大荒的战友，也带我去。北大荒冬天的寒冷叫我们这辽西来的一家人领教了厉害，而且春节前后这些天又是一年中最为寒冷的。母亲就把我捂得严严实实的，生怕冻坏了。特别是人身体的体温最低处，我偏比常人生得特殊，也越发怕冻。母亲就用一个大狗皮帽子把我连头带脸包裹起来。因为要去串门，因为要坐父亲的自行车，我就挺兴奋。麻利地坐上了那个宽大的、铁筋结实的自行车后座上，父亲稳稳地骑行着，我坐后边也还感到平稳。北大荒多是山路，我和父亲走的这段路也不例外，弯弯曲曲的不说，还一会儿上坡，一会儿下坡。下坡的时候还好，父亲会省力些，赶上上坡，父亲就需要费力蹬踏。没过多久，我就感到父亲出汗了，因为在他宽大的后背处隐约有热气透过棉衣，让我觉出了寒冷中的一丝暖意。在后来的生活中，我乘过数不清的交通工具，但父亲骑着金鹿牌自行车在北大荒临近春节的寒冷天气里驮着我，在冰天雪地的路上骑行，上坡下坡，转弯抹角，迎着寒风把我挡在他宽大的背后，他用力并且小心地蹬车前行出的一身汗透出的热气，都是我再没感受过的温暖。

这辆金鹿牌自行车后来我用的比父亲多得多，主要是兑现父亲的诺言，母亲拾柴、捡粮、割猪食菜都是我用这辆金鹿牌自行车从山地上、大地里、野甸中驮回家。它骑着虽然比其他牌子笨重，但确实实用。这辆自行车真是给家里的生活做了无法估量的贡献，也使我成了那个乡村有名的能干的少年。

后来我自己成了小家，也买了辆自行车。当然不会再是金鹿牌的了，是飞鸽牌的，锃光瓦亮，看着也轻灵亮丽。骑着也确实轻快，驾驭方便，只是用它驮东西远不如金鹿牌实用。不过，到我用这辆自行车时也不大有驮东西的机会了，所以，用着这样的自行车还是方便。

五、系列产品

1. 金鹿牌 ZA43 型载重脚闸自行车

1982 年，金鹿牌 ZA43 型载重脚闸自行车是在 ZA41 型基础上进行优化设计的成果，其核心是通过先进的生产设备，改善工艺，保证产品的质量，在造型方面与 ZA41 型基本相同。

1985 年，由 ZA43 型设计开发的金鹿牌 28 寸普通自行车下线，具有车架长、车把宽、前叉坡度大、造型匀称、结构合理、车体轻、速度快、骑行舒适等特点。

2. 金鹿牌 26 寸轻便自行车

金鹿牌 26 寸轻便自行车是 20 世纪 80 年代投放市场的产品，分为 QE76、QE79、QE80、QE85 和 QF81、QF82、QF83、QF84 等型号。其中，QF81 型和 QF82 型女式轻便自行车具有造型新、外观美、前叉坡度大、采用硬边轮胎、车身灵巧、提携轻便等特点，深受消费者欢迎。这一轮设计是以产品的“轻便化”为设计目标，全链罩设计能够更好地保护链条的清洁，而将挡泥板的材料换成不锈钢并使用烤漆工艺，可以使之具有更好的防腐功能。

第三节　永久牌自行车

一、历史背景

1843 年，随着外国资本的输入，英国、日本等国的自行车先后进入中国市场。上海陆续出现销售自行车的车行，其中规模较大的是同昌车行和大兴车行等。1926 年，上海大兴车行聘请两名日籍技工，购入进口钢管和接头，组装红马牌和白马牌自行车在市场销售，不少自行车的零件仍依靠进口。

图 1–46　同昌车行在当时报纸上刊登的产品广告

图 1–47　昌和制作所（上海自行车厂前身）

1940 年秋，日商小岛和三郎在上海唐山路开设了“昌和制作所”，这是上海第一家自行车生产厂。昌和制作所生产规模不大，设备简陋，制造工艺与技术较为落后。因此，制造的自行车品种比较单一，全部使用黑色油漆，规格均为 26 寸，取名铁锚牌，年产量约 3 000 辆。

1945 年 12 月，抗日战争胜利后，“昌和制作所”由国民政府资源委员会接管，成为“上海机器厂第二制造厂”，铁锚牌更名为扳手牌，生产 28 寸和 26 寸自行车。1947 年 9 月，“上海机器厂第二制造厂”更名为“上海机器厂”。

1949 年 5 月 28 日，上海市军事管制委员会重工业处委派抗日期间在工人中极有号召力的朱兆衍等工人接管“上海机器厂”，更名为“上海制车厂”。随后，厂里摒弃了原有的“扳手牌”，经过反复讨论，最后定名为“永久牌”。1949 年底，永久牌自行车正式诞生。

1949 年 6 月 1 日，工厂全面恢复中断了近一年的生产。厂里决定请专业人员设计一个新的商标，当时由于受我国与苏联关系的影响，新商标暂定名为“熊球牌”，商标为一只北极熊站在地球顶端，淡黄色的北极熊代表苏联，由黄色块与灰色块组成的地球，即为整个世界，意为共产主义一定会在全世界实现。后来，因为这个商标

图 1-48　扳手牌商标

图 1-49　永久牌自行车的第一个商标

的政治色彩太浓，经过反复酝酿和讨论后，工厂最后决定采用“熊球”的谐音“永久”作为产品名称。商标最终定稿时在原先的图案设计上增加了“永久牌”三个红字，这是永久牌自行车的第一个商标。1949 年底，永久牌自行车诞生了。伴随着中华人民共和国的成立，上海永久牌也翻开了历史的新篇章。

1952 年 9 月，上海制车厂与新星机器厂合并，定名为“红星制车厂”。1953 年 8 月，红星制车厂正式更名为“上海自行车厂”。

1955 年，为提高生产力，生产链条的新星机器厂并入上海自行车厂成为该厂链条车间。1956 年，大顺、大康、亚同、自立、钱顺兴等小厂并入裕康五金制造厂，成为专业生产飞轮的工厂。同年，中信、王华昌等 22 家小厂并入大兴车厂，专司前叉生产。王百龄和百龄方记两厂合并为“上海自行车零件五厂”，负责脚蹬生产。1958 年，利利五金车条厂并入礼康钢丝制造厂，成为“礼康辐条厂”，担任自行车零件生产自动化要求最高的辐条生产任务。上海自行车行业的高速整合极大地提升了行业的产能与设计能力。

1955 年，第一机械工业部组织力量在上海自行车厂设计一辆新的 28 寸自行车，命名为“标定车”（即标准定型的自行车）。上海自行车厂从技术、物资等方面做了大量试制准备工作，于 1955 年 12 月制造成功 10 辆样品车，全部达到设计要求。1956 年，上海自行车厂将标定车投入批量生产，并以此为标准统一了国内自行车零部件的名称和规格，为自行车零部件互换通用创造了条件，同时也意味着我国自行车制造开始走上了工业化道路。

1957 年，上海自行车厂设计试制了永久牌 31 型轻便车，该车采用回转式车把，钳形闸，焊边车圈，单支撑和书包袋，车轮直径为 26 寸。由于在设计之前参考了国外大牌自行车的设计，在整车上采用了大量当时与国际同步的设计，因此投放市场后获得了消费者的普遍认可，销量惊人。

1958 年，国家决定在 1959 年召开第一届全国运动会，要求上海制造符合正式比赛规则的国产赛车。上海自行车厂接到任务后立即组织力量，在分析国际名牌赛车的基础上设计了永久牌 81 型公路赛车，并于 1959 年 1 月生产 300 辆，5 月成批生产。该车自重 14 kg，车架选用优质无缝钢管，把手、前后轴皮、前后闸等零件均采用铝合金，传动部件采用高级合金钢，后轮为外四飞。在 1959 年 8 月的第一届全运会上，上海队骑永久牌 81 型公路赛车以优异成绩夺冠。该车填补了国内赛车的空白。

图 1-50　永久牌公路赛车与南京长江大桥出现在中国外事宣传画册上

1961 年，上海自行车厂成功研制了永久牌 102 型机动脚踏两用车，这种车可借助汽油发动机驱动，也可用人力骑行，极为适合中国人的使用习惯。1965 年，该厂对 102 型进行了结构改进，改为 103 型。1970 年，经过再次改进，永久牌 104 型两用车问世。在之后的十年时间里，上海自行车厂又对 104 型进行了持续改进，直到 1981 年才完全定型。定型后的两用车被定名为永久牌 107 型，该车采用薄壳结构，缸体为铝合金，其内壁镀以硬铬，增加了耐磨性。后因生产任务变更，该车被转让给上海自行车二厂，二厂在此基础上增加了蓄电池，使其成为中国首款油电两用脚踏车。

1964 年，一款对中国自行车设计产生巨大影响的车辆诞生了，该车便是永久牌 PA14 型。其诞生源于 1958 年在上海市轻工业局会议上，上海自行车行业提出了质量赶超英国兰翎牌自行车的目标，并要求扩大自身品牌的产品线。上海自行车厂立刻投入研发工作，并于 1964 年初成功研制出永久牌 PA14 型高级自行车，并小批量试制 200 辆。前叉和链条等主要部件采用高强度低合金锰钢制造，使产品强度有了保证，并提高了加工精度，同时采用镀镍工艺和六种色漆品种，使整车重量、骑行轻快性、构件强度、档碗耐磨性、电镀油漆质量、成车装饰和轮胎性能等 10 项指标达到兰翎牌的质量要求，全面提高了永久牌自行车的产品质量和市场占有率。

图 1–51 永久牌 PA14 型 28 寸自行车

二、经典设计

永久牌自行车十分注重设计，力争呈现比较完美的状态，因而成为 20 世纪 70 年代以来中国自行车设计的标杆。同时，企业始终以经济效益作为工业设计的重要目标，一方面成了中国各类对外贸易活动的明星，另一方面也迅速完成了自身的资本、技术、生产、品牌、管理等各方面的积累和升级换代。

永久牌 PA17 型自行车是全部产品设计的缩影，其整体设计从功能性和实用性出发，结构匀称，重心平稳。所有零部件全部裸露在外，一览无余，体现出简洁的机械美学思想。从线条上看，直线和曲线相互配合，这不仅考虑了形态上的美观，满足了力学上的平衡，而且还符合人体工学的要求。

永久牌 PA17 型自行车的整体结构是由车架决定的。车架由金属管焊接而成，金属管之间各自形成多个稳定的三角形。由于 PA17 型是载重自行车和运动自行车的复合体，所以车架上管与座管夹角为 70°。

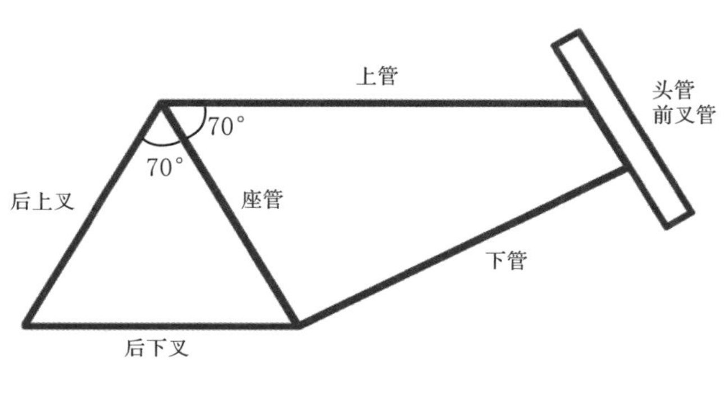

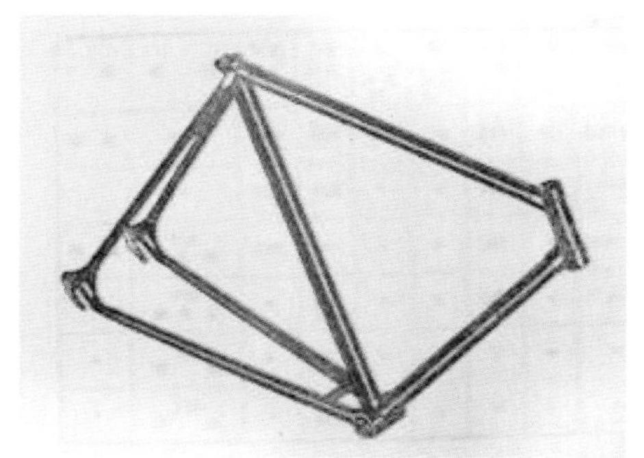

图 1–52　车架结构示意图

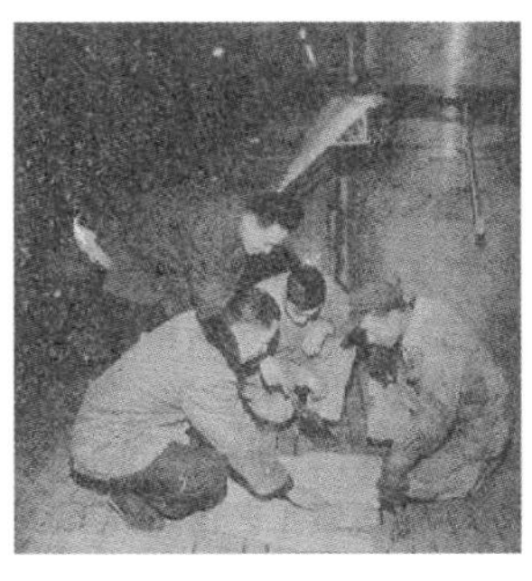

图 1–53　1959 年攻关小组为制造电镀机进行技术研究

图 1–54　全国第一台自动电镀机

永久牌 PA17 型自行车在诞生之际，虽然油漆工艺尚未得到根本提升，但是产品部件的电镀工艺却有极大改善。PA17 型自行车众多的部件均需镀覆一层金属保护层，以防止腐蚀和增加美观度，故称作防腐性电镀。电镀的前道工序是将部件研磨抛光。至 20 世纪 60 年代，经过不断改进，上海自行车厂的抛光工艺已经得到了极大的提升，至 20 世纪 70 年代初已成功试制了光亮电镀铜和光亮电镀镍、铬，使产品的美观度大大提高。

由于自行车是从功能的角度出发进行设计的，因此每一个零部件都有其重要的使用特征，并且零部件的设计需更多考虑使用性能而非外观。《上海自行车商品手册 1975》中收入了当时永久牌和凤凰牌自行车通用零部件示意图，其中包括永久牌 PA17 型自行车。

1. 驱动系统

在驱动系统中，车轮由镀有金属保护层的轮毂、辐条、金属轮圈和橡胶轮胎组成，链条、链轮也是重要部分，前链轮连接曲柄和脚踏板，支撑人的重量。

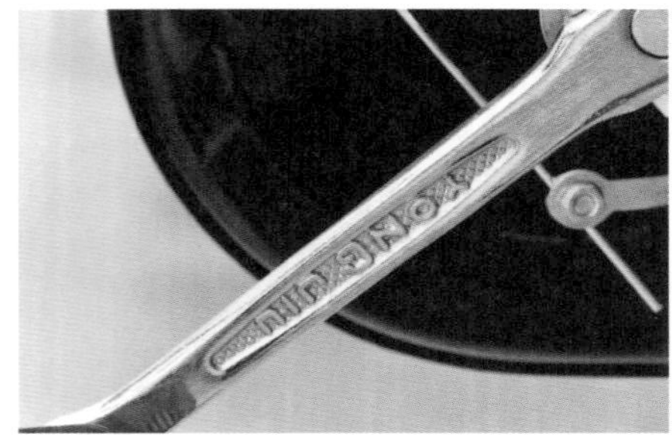

图 1–55　永久牌 PA17 型左曲柄

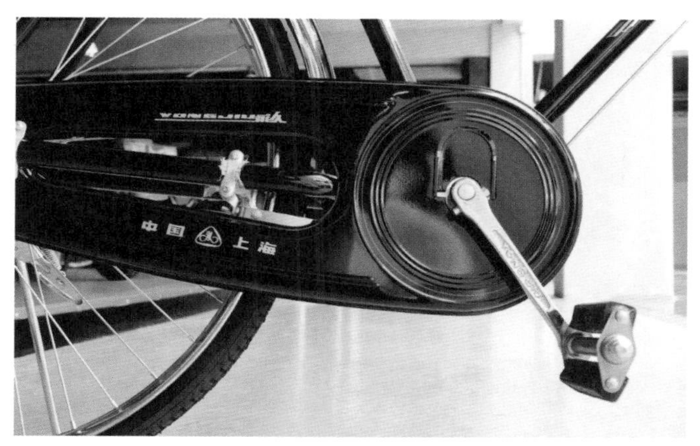

图 1–56 永久牌 PA17 型右曲柄

轮胎及脚蹬部件均采用花纹装饰，前者是为了增加与地面的摩擦力，后者在将平动力转化为转动力时可以有效增强防滑力。

早期的永久牌自行车只有上半个链罩（俗称半链罩），以便保证骑车人的裤管不被沾上油污。到了 PA17 型时，已发展成全链罩，这样既能避免沾上油污，又能更好地阻挡灰尘、污物嵌入链条中，同时也为自行车的装饰留出了一块难得的空间，从而提高了产品的美观度。

2. 导向系统

导向系统由车把、前叉、前轴、前轮等组成。自行车有多处地方使用滚珠轴承来减少摩擦，例如，用于使车把转动的前叉管，而车把握手处采用竖型凹凸条纹相间的设计是为了增加摩擦。

图 1–57 永久牌自行车车把实物图

图 1–58 永久牌自行车车把与车闸的连接部位

3. 车身系统

车身系统中的鞍座被设计成马鞍形，因为这样可以增加人与鞍座的接触面积，减少鞍座对人的压强，使骑车时不易感到疲劳，而且鞍座下的弹簧起到了避震作用。车尾部的金属衣架能放置物品或者载客。

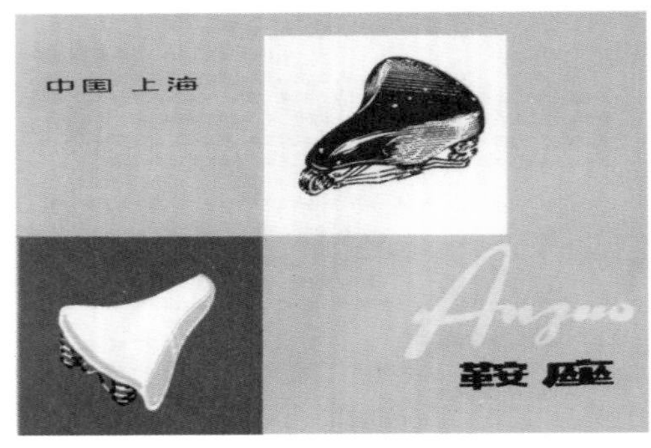

图 1-59　鞍座示意图

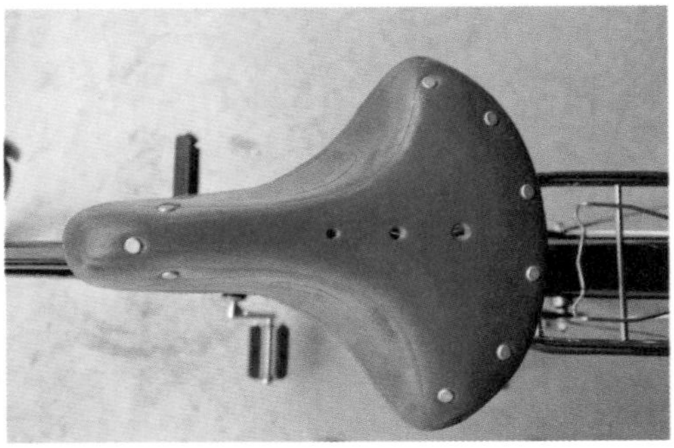

图 1-60　鞍座实物图

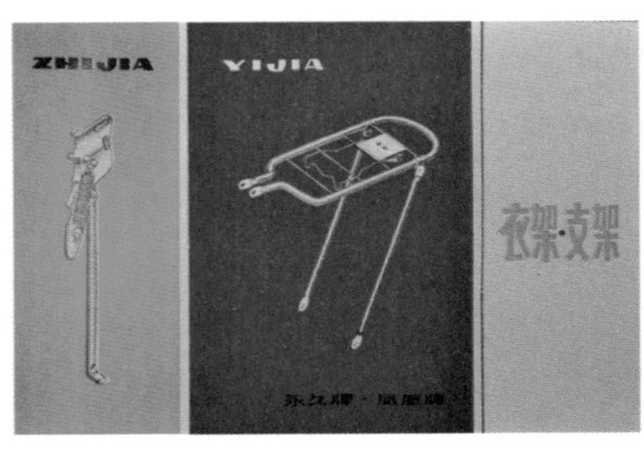

图 1-61　衣架示意图

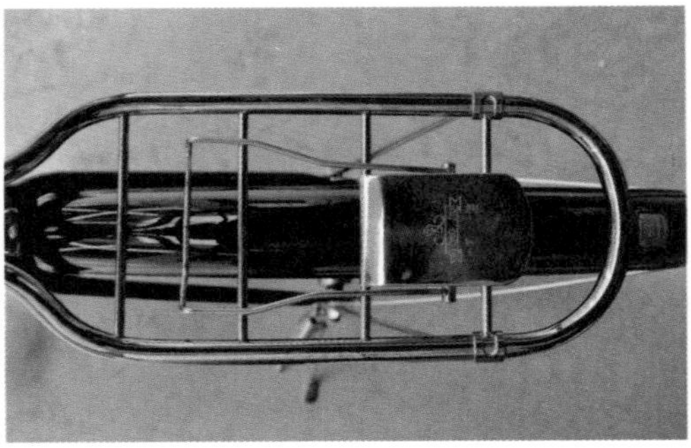

图 1-62　衣架实物图

4. 警示系统

警示系统包括车铃和尾灯。20 世纪 70 年代末期的产品已采用双铃，声音悦耳，操作顺畅。尾灯被设计成方形，其多角度的反射器由多个立方体组成，白天在后轮罩尾部的白色衬托下，显得十分醒目，而晚间被光线照射时能反射光亮，起到警示作用。尾灯设计参照了日本自行车制造的标准，通过制造工艺使尾灯在晚间被光线照射时其反光波长控制在 555 mm 左右，这个波长是人眼睛最容易感受到的，从而能尽可能起到对汽车驾驶者的警示作用。

图 1-63　车铃示意图

图 1-64　车铃实物图

图 1-65　尾灯实物图

永久牌 PA17 型自行车的品牌标识设计不仅是其品牌的识别方式之一，而且更重要的是具备装饰功能。除了在主梁的醒目位置上有品牌标识外，在自行车的大部分零部件上也有品牌符号，这种品牌装饰设计的方法不仅使产品更加美观，而且大大提升了产品的美誉度和认知度。

永久牌PA17型自行车的品牌标识有多种形式，大部分由多个品牌符号组合而成。永久牌最主要的品牌符号是中文“永久”二字组合变化而成的自行车造型。除此之外，还有“永久”二字的拼音和“永久”二字的中文字形。这些字形有的运用立体浮雕工艺，有的则采用平面设计或是凹陷的造型设计。颜色上主要采用红、白、黄、黑相搭配或是利用材质自身的颜色。

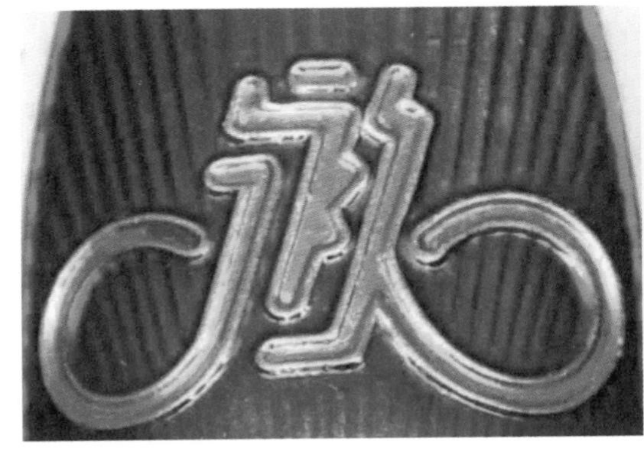

图 1-66　永久品牌符号

图 1-67　前叉永久品牌符号装饰

图 1–68 链罩永久品牌和产地标识

图 1–69 前轮永久品牌符号平面装饰

图 1–70 脚蹬支架永久拼音装饰浮雕

图 1–71 车铃中央永久品牌符号装饰浮雕

图 1–72 尾灯永久品牌符号平面装饰

图 1–73 车把手永久品牌符号装饰浮雕

图 1–74　车把主梁永久品牌符号装饰浮雕

图 1–75　鞍座永久品牌符号装饰浮雕

图 1–76　衣架永久品牌符号雕刻装饰

图 1–77　车架生产厂家标识

三、工艺技术

永久牌自行车全方位工艺技术的不断改进为提升产品品质、实现设计构想提供了可能。设计运用的工艺技术直接为产品带来了美观度，同时也使产量增加、成本下降。

1. 冲压工艺

自行车有 75％的零件需要经过冲压加工制造。20 世纪 50 年代，以冲齿工艺代替滚齿工艺制造链轮、飞轮。后者是在机床（滚齿机）上，用单刀滚切使之成型，一般先要初次滚切，粗滚一次，留下余量尺寸供精滚，工序多，次品也多。20 世纪 60 年代，成功采用中轴辊冷挤和轴档多工位冷镦等新工艺技术，一台冷镦机可代替

11台切削机床。冷镦机也是一种冲压加工机器，原材料可在不做软化或硬化的条件下，利用金属塑性成型，其制造的坚固件效率高、质量好。此外还采用2 000吨油压机制造型腔模具，模具自动进卸料也得到广泛应用。

自行车座管、下管、后下叉和中轴分别与中接头5只孔相连接，故中接头又称“五通”。在生产中，长期采用板料加热、冲压卷圆、焊缝等15道工序加工而成，劳动强度高，工件精度和表面光洁度都很差。1964年，上海自行车厂工程师姜信华试验成功以有缝焊接管为坯料，在160吨冲床上一次超高液压而成，工序从15道减少到4道，每分钟能成型5只中接头，每万只中接头节约钢材1.3吨。1979年，在借鉴国外先进工艺的基础上，改进为橡胶棒成型新工艺，只要将聚氨酯橡胶芯棒放入管内，利用型腔模具可一次凸型完成，每分钟能成型7只，以年产300万辆自行车计算，可节约钢材90吨。1980年，这项先进工艺被推广应用于把接头、上下接头和前管一体的零件上。这种工艺可使自行车关键部位牢固，喷涂后光洁、美观。

轻便车前叉腿端部的接片，原来是用焊接工艺固定在叉腿上，不仅工序多，而且往往因焊接不牢而断裂。1978年，上海自行车三厂工程师徐良从国外考察回来受到启发，经过试验，成功采用电热镦工艺，将前叉腿端部电加热，镦成圆球形再压扁切槽即可，因接片与叉腿为一体，彻底解决了断裂的质量问题，按100万辆自行车计算，可节约费用10万元。

左、右曲柄是自行车上的关键零件，既是骑行者施力的部件，也是产品美观度的决定要素。零件加工精度要求高，均由一机一序或一机二序来完成8道切削加工工序，不仅生产效率低，劳动强度较大，而且产品质量没有可靠保证，因此一直是产品生产上的薄弱环节，直接影响到永久牌自行车的发展速度。为此在轻工业部、上海市轻工业局、自行车工业公司的领导下于1975年设计试制UX 02型曲柄组合机床，用于提高曲柄制造的速度与数量。

（1）老工艺切削工序

①左曲柄6道工序：

第1道：钻 Φ9孔；第2道：钻 Φ12.7孔和 Φ14.5孔；第3道：Φ12.7孔倒角；

第 4 道：精镗 Φ16 孔；第 5 道：精铰 Φ9 孔；第 6 道：攻丝，特 M14×1.25。

②右曲柄 8 道工序：

第 1 道：钻 Φ9 孔；第 2 道：钻 Φ12.7 孔和 Φ14.5 孔；第 3 道：Φ12.7 孔倒角；第 4 道：车 Φ23 孔外圆和精镗 Φ16 孔；第 5 道：精铰 Φ9 孔；第 6 道：车大肩胛；第 7 道：扩 Φ17 孔；第 8 道：攻丝，特 M14×1.25。

（2）新工艺生产效率

①左曲柄：每件工时为 1.122 分钟／根，每人每班可生产左曲柄 427 根。

②右曲柄：每件工时为 1.675 分钟／根，每人每班可生产右曲柄 285 根。

③左右曲柄合计工时为 2.797 分钟／副，每人每班可生产左右曲柄 171 副。

（3）UX 02 型曲柄组合机床经济效果

该组合机床把左曲柄 6 道工序和右曲柄 8 道工序组合在一起，一次加工完毕只要两名操作工人。

一副（左右曲柄各 1 根）加工工时为 27 秒。

每班按 8 小时的 75% 工时计算可生产 800 副，年产能力为 46.5 万副，与原有加工工艺比较可提高生产效率且产品质量稳定。

2. 制管工艺

这是生产自行车最重要的先头工艺之一。20 世纪 60 年代末，永久牌自行车的制管工艺是采取带钢成圆后用手工气焊合缝，再由制管工人在砂轮机上将焊疤磨去。这种工艺焊接质量差，焊缝容易开裂，生产效率也很低。20 世纪 70 年代末，工厂引进的高频焊管机组自动生产线投产，使用此机不仅焊接牢固，焊缝外观光洁，而且生产效率每小时高达 30~60 m，比手工焊接效率提高几十倍。

3. 焊接工艺

车架、前叉、车把等部件是按照产品设计要求，用管子和接头组合焊接成主体件后组装而成的。车圈成圆后，必须进行对焊，有的车圈在卷边成型后还要进行一至二道滚焊。经过技术更新，新型的上海车圈成型焊边机组当带钢进入料盘后，可自动进行冲孔、卷边、成型、滚焊、卷圆等多道工序。优点是可同时焊 6~8 只车架或 12 只前叉，缺点是如焊后除盐不尽，会逐渐锈蚀，甚至脱焊，造成售后行车安全事故。后经过工艺改进，车圈卷边成型后，还必须进行双边滚焊。虽然车圈双边滚焊技术难度大，但是双焊边后变形小，性能稳定。当时，工厂的焊接工艺设备已达到正规化生产技术水平，焊接质量能满足国际标准要求。

新工艺经济效果如下。

（1）加工工序可由原来 20 道减少至 8 道，可提高劳动生产率 5 倍以上。

（2）新工艺前叉腿与接片成为一体，并将接片由 3.7 mm 放厚至 4.2 mm，可解决接片断裂问题。冲击试验、静负荷试验均较老工艺产品好。

（3）新工艺如以高频焊钢管为坯料，则较老工艺以冲压气焊为坯料的车腿在内在质量与表面质量方面均有提高。

（4）新工艺前叉腿可比原来降低料费 0.07 元（抵去管坯与冲坯的差价还可降低 0.015 元，因新工艺前叉腿无需气焊、抛磨和盐浴浸焊）。

（5）工序减少因而减少了在制品，缩短了生产周期（原为一周，现为 2~3 天）。

（6）改善了劳动条件，新工艺上马后，可去除原来退火、抛磨、盐浴等繁重的手工工序。

（7）为前叉腿组织流水线生产创造了有利条件。

4. 热处理工艺

热处理工艺决定着前轴、后轴及其档碗、前叉档碗、链条、飞轮、钢球等传动件的使用寿命。20 世纪 70 年代，采用通用的液体或气体渗碳炉，参照天津热处理工艺进行液体或气体渗碳，有的用碳氮共渗淬火，还有少数零配件厂采用氰化钠渗碳。

自行车飞轮的外套和芯子是用圆钢按规定长度剪切下料后烘锻而成。原来采用弹簧式定位螺杆下料模，其剪切的钢料重量和大小不一，端部有斜口等长期未获解决的问题，致使锻件和设备受到很大影响。例如，钢料过小则锻件报废，过大则冲床损坏（最严重时两个月断了三根冲床曲轴），直接影响正常的生产。为了攻克这一难关，相关人员反复试验，并向外单位学习，终于成功研发中心固定式定位螺杆下料模，并加固上模柄，使上模柄能承受下料时的瞬时冲力和下模对剪应力的强度要求。实际生产表明，所剪切的钢材的重量公差仅为 5 g，比原来 20 g（有时达 50~60 g）的公差缩小了 3/4，全年如以 500 万只飞轮计算可节约钢材 150 吨。此外，所剪切的钢料端部平整，保证了锻件的质量，废品率由原来的 6.3% 降到 2.3%。同时，所剪切的钢料可直接用于模锻，节省了一道压平工序，全年可节约用电和其他辅料费用，还可节约劳动力两名、机床一台及工作场地。

5. 电镀工艺

1970 年以前，采用手工浸镀，按一缸一序进行，镀层防腐、耐磨性能差，装饰性能不好，劳动强度也很大。之后使用铜－镍－铬电镀工艺，采用铜－镍－铬一步法，镀铜、镀镍、镀铬和小件滚镀四条直线式电镀线投产。同期，车圈厂的铜－镍－铬电镀线投产，使电镀工艺水平进一步提高。1974 年，全面推广应用双层镍铁合金电镀新工艺。

为了扩大生产，提高车圈的电镀质量，上海自行车厂从 1976 年起设计了两条车圈电镀自动生产线。这两条自动生产线是在上一代电镀机的基础上，参照国内外成熟经验，根据“厚铜薄镍”的原则进行设计的。它采用了铜－镍－铬多层结构、全无氰镀液、镍封闭与低铬酸镀铬新工艺；装有空气搅拌、循环过滤等装置；为了减少毛刺，还在电镀机上试行设计了上下振动的机架；在镀铬清洗后，还安排了远红外线加温干燥及抛光工序；整机全长为 48.5 m，是当时行业内及国内最长的一台电镀机；其中焦铜镀液 6 万升，是行业中最大的无氰镀液；每台电镀机的年产能力为 100 万副车圈。经鉴定合格，先后于 1978 年 10 月及 1979 年 2 月正式投产，三废治理则结合电镀车间专项工程，于 1980 年底一起解决。

由于自行车是一种大批量流水生产的产品，电镀要适应 24 小时，甚至星期日也不停顿生产（连续 2~3 个星期），因此工艺稳定性要求比较高。所有铜、镍、铬镀液均采用较为简单的组成，除了必不可少的光亮剂外，尽可能不用各类附加剂，酸洗去油也选用通用的基本组成。为了消除残氢与焊边夹缝中的积水，运用远红外辐射进行干燥，最后经过镀铬抛光，检验合格后出厂。

6. 油漆工艺

1960 年以前，上海自行车厂采取一缸一序进行前处理，手工浸漆，在小型电烘箱里烘烤完成。1964 年，建成电泳底漆和高压自动静电喷涂以及远红外线烘烤面漆两条自动生产线，这是该厂油漆工艺设备跨入全国先进行列的开端。

随着自行车工业标准的制定和完善，上海自行车厂于 1971 年推出了该厂最为著名的永久牌 PA17 型自行车，此款 28 寸男式自行车装有全链罩、镀铬衣架和单支撑，采用转铃和拉杆式轮缘闸，增加罩光漆，深受用户欢迎。

四、品牌记忆

1. 永久牌标识设计师

1957 年，由张雪父先生设计的永久牌标识诞生，这一标识沿用至今，是一个非常经典的设计。当时，为了更新标识图形在全国范围内进行了设计方案征集，但图形都不理想，为此请张雪父先生操刀。他在经过反复思考之后决定以汉字“永久”二字为元素进行设计，大胆使用变异字，将永字的“ㄱ”与久字的“㇏”夸张地变化成自行车的两个轮胎，两字组合成一辆犹如正在飞驰中的自行车。商标造型简洁直观，紧凑平稳，极易识别，对“永久”品牌的传播和推广发挥了巨大的作用。

张雪父 (1911—1987 年)，浙江镇海人。幼喜习画，初中毕业后赴沪就业。1929 年入上海白鹅绘画研究所学西画，1935 年师从国画名家赵叔孺习国画。其国画作品墨色丰润，敷彩雅丽，殊荣颇多，熔中西画术于一炉，独具风格，擅花卉走兽，尤精牡丹。

图 1–78　自 1957 年沿用至今的“永久”标识

他还是一位著名的工艺美术设计师，除了负责设计“永久”自行车商标，还参与人民大会堂上海厅室内装潢设计等。无论是商标设计，还是建筑装饰，都融入了他对美的不懈追求，这使他的美术创作具有其他国画家不曾有的两重性，即国画艺术的大胆泼墨与工艺美术的独具匠心。

图 1-79　永久牌标识演变过程

2. 卖粮只为买“永久”

1981 年秋，湖北应城农民杨小运超额出售公粮 2 万斤（征购任务为 8 530 斤），国家问他想要什么奖励，杨小运回答：“我想要一辆永久牌自行车。”当时担任上海自行车厂厂长的王元昌回忆说，当这个代表着消费者急切需求的呼声通过报纸反馈到厂里时，他既感激又愧疚。王元昌写信给《人民日报》表态：“杨小运的要求，就是农民兄弟的要求，农民兄弟要‘永久’，‘永久’工人要尽责。”他承诺，在完成 212.5 万辆年生产计划的基础上增产 1 200 辆，应城县“凡是全年超卖万斤粮的户，都供应一辆‘永久’牌自行车”。很多职工八小时内拼命干，加班加点义务干，为了多生产一个零件，一些职工连午餐时间都不停机，实行轮流吃饭。通过向应城县送车的实践，上海自行车厂开始了在杨小运家乡建立“永久村”的试点工程。永久牌自行车在乡村被誉为“不吃草的小毛驴”“能顶一个劳动力”。

图 1–80　赠车给杨小运

五、系列产品

1993 年，“永久”成为中国自行车行业最早实行现代企业制度改革的企业，成为上市公司。2001 年起，上海民营企业中路集团入主“永久”，占有 54% 的股份。虽然上海永久股份有限公司没有像大多数的自行车厂那样倒闭，还把自行车卖到了非洲和南美，但是，有着简朴外观的 28 寸永久老车还是从我们的生活中消失了。

2010年，“永久C”背负着一个美好的梦想诞生：让自行车回到中国人的生活里。永久为了重塑当代中国都市骑行生活态度，同时为了彰显变化与革新，将品牌重新命名为“永久C”。新的品牌“永久C”一改消费者往日对永久的印象，推出的车型全部时尚美观，兼具现代与复古风格，吸引了众多消费者的注意。当然，这一番改头换面价格不菲，基本款售价在千元左右，价格直逼美利达和捷安特。

“永久C”组成了一支由十来位80后工业设计师、建筑师、网络设计师、平面设计师、广告人、市场营销策划人员构成的跨专业设计团队——“乘思”（Crossing）。这个团队中的成员依照各自的知识体系与专业判断，结合在海外求学的经历或所见，提炼了“永久C”的设计机会点——面对越来越糟糕的交通状况，中国城市3 km距离内最好的交通工具应该是自行车，只不过，这辆车可以更轻，更有设计感，更符合年轻人的审美。

“乘思”团队以永久牌经典的28寸横梁大自行车和26寸双斜梁自行车各一辆为原型做“减法设计”，将能拆的零部件都减掉，保留不影响骑行的结构与部件。设计虽然貌似很“潮”，但保留了“永久”的经典外观与设计元素。

当机动车成为越来越多人的首选代步工具，电动车成为自行车主流之时，“永久C”的横空出世为自行车领域注入了新鲜的血液。至少在形式上，新潮、怀旧、复古与非主流已成为当今时尚趋势的主题词，有人甚至将“永久C”的创新视为一次不平凡的“情感回潮”。当拥有20世纪40年代经典复古风格的“永久C”系列自行车在世人面前亮相时，那纯粹、简单、时尚的外观不但重塑了“永久”的形象，也唤起了中国消费者与海外拥趸对“永久C”的时尚热情与自行车情感记忆。

“永久C”在设计上极力追求复古与经典的风格，其全套系列均保持了永久品牌简洁的车体构架。每个系列都单独命名，分别是杭州的“北山”、南京的“颐和”、台湾的“淡水”、上海的“五原”和北京的“柳荫”，它们起到了刺激消费者美好联想的作用。“永久C”恢复使用贴牌生产前的精致镀铬与高强度的三级钢材，在车体各个细节上参考了西方20世纪中期所生产的自行车造型，大量使用了圆弧线条，使整车造型饱满而轻盈，且车身135°的最大斜角使骑行者的躯干得到了最为舒适的伸展，这一杰出的人机设计将“永久 C”与国内同类产品极大地区分开来。其中“北山”在延续了永久 PA17 型经典黑色的基础上对车体部件进行了大胆的删减，将其标志性的银白后座去除，并将撑脚架调整至踏脚链盘处，将永久牌最为“老旧”的特征转变为富有运动气息的设计，极具时尚元素，非常能够吸引如今钟爱复古风格的年轻消费者。而“永久 C”女款车“琴屿”则将旅行车与轻便车“混搭”，将原来纤细的斜杠变为了厚实的双杠，文静中带着一丝难以捉摸的狂野；在整体结构上则保持了消费者最易接受的都市车造型，其前卫的双排无交叉后轮车架设计使骑行者在骑行过程中看起来独立而清新，惹人怜爱。纵观“永久 C”全系列产品，其设计摆脱了国内品牌抄袭国外设计、产品材料低劣化的形象，实现了中国本土设计“继承传统向后看，关注现实向前走”的发展模式。

图 1–81　永久 C 系列的北山

图 1–82　永久 C 系列的琴屿

在细节设计上，最先吸引眼球的便是其宽大饱满的轮胎。为了营造知性高端的品牌形象，“永久 C”的五个系列均采用大尺寸轮胎，所有车型都采用回转式车把，车把与座垫都为同一材质和色彩的皮革。在过去无处不在的“永久”商标也被统统去除，仅在前叉上保有极为简洁的“永久 C”商标，其设计团队通过将这一系列优秀的细节固化为“永久 C”的风格，使永久牌在消费者心中提升到与国外品牌同一高度上，再次赢得了市场的认可。

中国有句成语是“名正言顺”。品牌命名是创立品牌的第一步，其中传播力是一个核心要素。只有传播力强的品牌名称才能为品牌的成功奠定坚实的基础。

“永久 C”主要设计师向笔者介绍：用这三个字符来命名，一方面融入了原品牌名称，提供了清晰的品牌联想材料，有助于消费者通过情感迁移将之前关于永久的所有的正面品牌印记附加到新品牌上；另一方面，字母 C 代表了全新的时尚元素，并且融入了独特的概念——中国 (China)、经典 (Classic)、都市 (City)、多彩 (Colorful)、自行车 (Cycle) 和文化 (Culture)，彰显了变化与革新，这又使子品牌与原品牌进行了有效的区隔。此外，这三个字符简单易记，朗朗上口。

所以，“永久 C”这三个字符既暗示了产品类别，继承了永久牌自行车多年来建立的正面品牌资产，同时又很时尚，而且有助于消费者联想、记忆，具有非常强的传播力。

“永久 C”旨在为城市 3 km 距离内的交通提供最佳出行工具，倡导“经典回归”的主题，低碳环保的意识，中国创造的使命以及全新的追求自由和健康的“轻客”文化。“永久 C”的品牌定位用官网上的话语来说是 4 个 C。

（1）Classic——经典复古的，保留了永久珍贵的经验和工艺。

（2）Chic Life——不只是一辆骑行工具，更是一种生活方式的思考。

（3）Clean——不只是倡导低碳骑行生活，“永久 C”在设计过程中也运用了多种环保材料。

（4）China——不只是中国制造，更是中国创造。

这 4 个 C，归纳起来就是“永久 C”所倡导的“轻客——自由、独立、环保、热爱生活、百无禁忌”。这其实就是一种全新的生活方式的定位。与其说“永久 C”想卖自行车，不如说“永久 C”现在想卖的是一种全新的都市生活体验，一种生活态度和一种生活方式。

计划经济时代完全以产品为导向，物资匮乏，人们的物质需求未得到满足。但是，今天我们已经身处新的时代，产品同质化已经不是新鲜的命题，消费者的物质需求已经基本满足，其消费行为不再是单纯的产品消费，而是品牌消费、精神消费。消费者既有对产品使用价值的需求，也有深层的精神需求。人们往往根据对使用价值的需求选择品类，根据精神需求选择品牌。品牌营销的核心是为消费者提供一种精神层面的价值观和生活方式，通过满足消费者的精神需求而创造同质化产品的差异性。

所以，“永久 C”的品牌定位在一贯围绕“代步工具”进行定位的自行车行业无疑是一次全新、大胆的尝试。

第四节　五羊牌自行车

一、历史背景

1897 年，英商从香港将英国生产的“来里”“飞腊”“克加路”（译音）等牌子的自行车输入广州，使广州成为全国最早使用自行车的地区之一。从此，广州陆续出现经营自行车及零件的商店和维修点。1934 年，广州 “合众”“忠信”等五金厂开始小批量生产自行车轴碗、轴档等零件，但至 1949 年中华人民共和国成立前夕，广州还没有出现自行车整车生产。

1949 年后，广州约有 112 家五金小厂社（店）开始兼产自行车零件，后经过调整合并为 18 家私营自行车零件厂。这些私营企业经过 1956 年的社会主义改造后，又合并为“广东”“远通”等 9 家公私合营自行车零件厂。此时，广州已具有生产全套自行车零件的能力，其中车圈、链条、鞍座等自行车零件深受国内消费者欢迎。1958 年 6 月，广东单车零件厂工人用简陋的机械设备和手工操作生产出第一辆红棉牌 28 寸自行车，揭开了广州生产自行车整车的历史。同年 12 月，运通单车零件厂也试产卫星牌 28 寸自行车 80 辆并投放市场。

广州自行车厂成立于 1960 年 1 月，位于工业大道南石路 28 号，由广东单车零件厂、东兴单车零件厂、运通单车零件厂、广州链条厂等合并组成。同年 7 月，力一单车零件厂、新华南五金厂、飞轮轴承厂同时并入广州自行车厂。同年 12 月，光华电筒厂、新光电镀厂又加盟广州自行车厂。至此，广州自行车厂共由 112 家厂、社及个体户相继合并而成。建厂初期，厂房分散，设备简陋，工艺落后，手工操作占 80%。因此，1961 年产量只有 2 840 辆。同年，开始试产五羊牌 26 寸轻便自行车。当年该厂开展“自力更生，艰苦奋斗，增产节约”活动，发动职工进行技术革新，制成一批专用设备。到 1963 年，工厂产量达到 20 118 辆，成为广东地区首家自行车生产专业厂。

广州自行车厂自建立后，因为生产场地不足且分散影响了该厂的发展。为此，1963 年 11 月，经广东省人民委员会批准，将海珠区南石西兴隆外街一号旧劳改场的新生一厂分配给该厂，为扩大生产提供了场地。原新生一厂占地面积约为 4 700 ㎡，建筑面积约为 18 000 ㎡。自 1964 年迁厂后，由于生产场地相对集中，生产布局发生改变，同时加强了技术改造和企业管理，广州自行车厂生产能力逐年提升，到 1966 年，产量已达 12 万辆。

图 1-83　20 世纪 60 年代拍摄的广州自行车厂外景

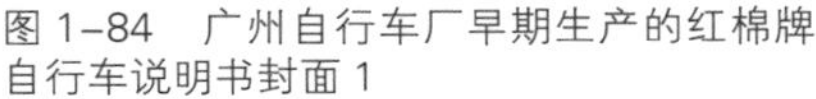
图 1-84　广州自行车厂早期生产的红棉牌自行车说明书封面 1

图 1-85　广州自行车厂早期生产的红棉牌自行车说明书封面 2

1966 年，为了跳出“大而全”的生产方式，广州自行车厂于下半年开始实行专业化协作生产，将脚踏、泥板、灯叉、前后轴等零件交由相关厂社生产。1968 年，将集体所有制厂社组成广州自行车零件一社、二社、三社，同时对电镀、油漆喷涂、焊接等工艺进行技术改造，共投入 111 万元，增加设备 21 台（套），改造和建成 5 条生产线。在增产不增人的情况下，到 1970 年自行车产量达到 30 万辆，比 1969 年的 14.5 万辆翻了一倍多，从而使广州自行车厂一举进入全国自行车八大生产厂的行列。1973 年，国家向广州自行车制造业投资 358 万元进行技术改造，新增电镀、油漆自动生产线 6 条，设备 309 台（套），使行业的主要生产设备达 1 266 台（套）。同年，广州自行车厂研制出五羊牌 16 寸小轮缩体自行车，在当年的中国出口商品交易会上展出，受到外商赞赏，使广州生产的自行车首次进入国际市场，销至欧美等地。

1974 年，为适应生产经营的需要，成立广州自行车总厂。同年，广州计算机厂转产自行车，更名为广州自行车二厂。曾经被大家熟知的红棉牌自行车改为统一使用五羊牌商标，并开始推行专业化生产，先后将中轴、手闸、车铃、脚架、边钉、车篮、鞍座等零件分散给广州市各区属和乡镇的小厂（社）进行协作生产，提高了生产能力。1975 年，年产自行车达到 50.14 万辆。为加强对生产的集中领导，同年 12 月撤销广州自行车总厂，成立广州市自行车缝纫机工业公司，进一步推进专业化生产和管理。公司成立后，先后为前叉、辐条、轴皮、飞轮、链条、脚踏等零件成立专业生产厂，实行一零件一厂专业化生产。同时，把车闸、中轴分散到市郊及番禺市生产，又在顺德勒流镇扶持自行车配件厂专门生产自行车回光片。这样，公司就变成了一家生产车架、车圈、车把和链轮曲柄四大件的主体生产厂。

图 1-86　产品更名为五羊后广州自行车厂采用的全新商标

图 1-87　五羊牌 PA14 型 28 寸自行车

图 1-88　五羊牌自行车曲柄组件特写

图 1-89　五羊牌自行车链罩特写

1978 年，广州自行车胎生产进入了一个蓬勃发展的新阶段，钻石牌车胎被广州市政府列为十大拳头产品之一。为加快技术改造，扩大生产规模，广州第一橡胶厂征用了两万多平方米面积建设内胎车间，并贷款 2 000 万元改造和扩大内、外车胎的生产规模。第一期工程完成后，外胎年产量达 1 500 万条，内胎年产量达 2 000 万条。从 1978 年开始，广州第一橡胶厂大力进行技术设备改造，先后从美国、英国和日本等国引进先进设备，淘汰了落后工艺，把双层硫化机改造为三层隔膜硫化机，在炼胶工艺中，实现了炭黑、油料自动输送、自动称量和自动投料。之后又进一步使用小料自动称量装置，从而使炼胶工艺达到国内一流水平。与此同时，该厂还应用电脑对设备进行群控，在实现了手推车胎微机控制后，先后对内胎硫化工序、锅炉工序、密炼工序实行了生产过程微机控制。该厂还引进了彩色车胎生产设备，经过对引进技术设备的消化吸收及投入使用，能生产适应国内外市场需要的彩色车胎和双色胎，有红、蓝、绿、黄等各种颜色，改变了几十年来单一生产黑色外胎的状况，使钻石牌自行车胎、摩托车胎、手推车胎实现了彩色化、标准化、系列化，形成了软边、硬边、钩边三大系列八十多个规格和花色品种，产品质量不断提高。

图 1–90　为五羊牌自行车配套生产轮胎的广州第一橡胶厂

为了进一步搞好专业化生产，广州市自行车制造业需要调整生产布局。1979 年，广州市根据生产发展需要，撤销自行车缝纫机工业公司，成立广州市自行车工业公司。至此，广州市自行车工业公司已经是一家拥有万名职工的国有大型企业，下属 14 个专业生产厂（包括两个整车厂）、一个研究所和一个职工培训中心。1980 年，该公司执行国家改革开放政策，率先实行“独立核算、国家征税、自负盈亏”的体制改革，对下属 14 个厂家实行“产、供、销、人、财、物”统一管理，在全行业内实施全面质量管理。同年 4 月，决定停止使用鹦鹉牌商标，将五羊牌作为公司的产品商标。

第六个五年计划期间（1981—1985 年），广州市自行车工业公司利用扩大自主权的优势，投入 1 240 万元资金进行技术改造和设备更新，并大胆引进国外先进技术设备，加快产品开发，调整产品结构，这一系列措施使五羊牌自行车的产量从 1980 年的 80 万辆提高到 1985 年的 165 万辆。同时，公司大力推行全面质量管理，产品质量从 1980 年的 B 类产品一跃达到 96.68 分，跻身全国先进行列。1984 年 12 月，经轻工业部检查验收，确认公司为国家一类企业，五羊牌自行车属一类产品。1986 年，五羊牌 26 寸系列自行车荣获国家质量奖银质奖章。

1983 年，国家下达的产量任务为 135 万辆，实际完成 151 万辆，比计划增产 16 万辆，比上年增长 25.5%。这主要是通过挖潜、革新、改造取得的。1983 年共完成技术改造项目 121 项，其中重大项目 73 项。例如，为了提高电镀能力和质量，公司综合各条电镀生产线的优点，采用先进的工艺和装置，新建车圈电镀生产线，年产量达 120 万套，正品率从 70% 提高到 90% 以上。广州自行车泥板厂为了提高泥板的生产能力，新建油漆联合生产线，产品质量稳定，年产量达 240 万套。此外，公司还针对薄弱环节，引进国内外先进技术和关键设备，首先引进一套日本“澳美加”油漆喷涂自动装置，然后又引进三台同品牌的静电喷涂设备，使全行业油漆工艺装备达到国内先进水平。仅节油一项，一年便可收回购买一台设备的投资。公司还参考日本铜 – 镍 – 铬工艺原理，改进配方，采用槽外加温、无油空气搅拌新技术，使车把、链轮、曲柄三个主要部件的正品率从 80% 提高到 92%，电镀防锈能力达到 90 小时以上，超过部颁标准。通过一系列的技术改造，公司先进技术装备日趋完善，

图 1–91 流水线上完成电镀的车架正被包裹保护膜

渐成体系，自行车主体设备的生产能力有了新的突破，日产能力比之前提高 22%。

1983 年，全行业围绕产品升级换代，广泛开展科研活动。继五羊牌 28 寸 PA14 型和 26 寸 QE42 型分别获奖之后，公司继续与科研单位通力合作，联合攻关，首次采用铝合金车圈闪光对焊新工艺，研制成功五羊牌 26 寸半铝合金车。这种车的车圈、车把、曲柄、前后制闸、泥板等需电镀的零部件均为铝合金材料制造，辐条采用不锈钢，具有耐腐蚀、重量轻的特点，比同类普通车重量减轻 4 kg 以上，骑行轻快、省力，质量达到了国家 A 级产品标准，被指定为选送国外参展产品。此外，公司还试制并投产了变速 26 寸自行车，研制成功 24 寸轻便车，因为设计新颖、结构合理、造型美观，所以深受用户欢迎。

第七个五年计划期间 (1986—1990 年)，公司投资 7 998 万元，完成技术改造 10 项，设备改造 309 台（套），其中引进设备 106 台（套）。1988 年，公司产量达 250 万辆，创历史最高水平。当年，国务院机电产品出口办公室批准该公司为拥有自营进出口权的企业。同年，该公司在中国香港创办金翼有限公司，拓展国际市场。1988 年，该公司出口五羊牌自行车 50.65 万辆，创汇 1 300 万美元，获国家轻工业部颁发的“全国轻工优秀出口产品金奖”。为适应企业外向型发展，1988 年 7 月，公司更名为广州市五羊自行车工业公司。同年 10 月，经广州市经委批准，以该公司为主体，联合省内22家零件厂，组成“五羊自行车企业集团公司”。进入20世纪90年代，广州市五羊自行车企业集团公司经过一番努力拼搏，产量从1990年的170.60万辆上升到1992年的224万辆。1992年，公司进入全国轻工系统二百强。1992至1994年，五羊牌自行车连续三年被评为“全国畅销商品金桥奖”。1994年，公司生产的五羊牌自行车和威士达牌自行车被评为“中国明星品牌”。1995年，五羊牌自行车又获“全国最受消费者欢迎产品”称号。当年，公司出口自行车54万辆，创汇2 041万美元。

由于市场情况瞬息万变及公司背负沉重历史包袱等原因，广州市人民政府出于解决公司困境以及更好地发展摩托车工业的考虑，经国务院批准，决定于1996年1月1日起，将广州市五羊自行车企业集团公司并入广州摩托集团公司，五羊自行车分公司主要生产高品质电动自行车、电动踏板车，以及多款以先进高效的锂离子动力电池为动力源的纯绿色电动自行车产品。

作为中国五大自行车品牌的品质典范，五羊牌自行车传承50年品质造车工艺，在低碳出行、健康骑行的社会风潮中，发展出一套致力于人、车、环境可持续发展的品牌核心价值体系。以“健康、品质、绿色”为品牌发展的核心思想，创造健康品质生活，共建绿色地球。作为华南自行车工业的开创者和领导者，五羊牌自行车见证和推动了自行车工业的发展，形成包括公路自行车、山地自行车、折叠车、童车、表演车、旅行车和电动自行车在内的丰富的产品线。同时，凭借深厚的品牌沉淀和品质管理体系，五羊牌自行车赢得了广泛的赞誉，产品辐射全国，并远销20余个国家和地区。

二、经典设计

五羊牌自行车的设计是自行车行业经历由传统经典产品向新产品开发设计转型的真实写照。得益于中国进出口商品交易会在广州举办的优势，五羊牌自行车十分注意国际市场的需求动态，并能够迅速地将其转换成工业设计及企业的战略目标。改革开放后，更是利用港台自行车企业的技术优势、渠道优势和品牌优势更新自己的设计模式。

1. 五羊牌 PA14 型自行车

1960 年，广州自行车厂参考英国克家路牌自行车，结合自身条件设计出 28 寸单梁红棉牌自行车。该车由于车身较短、转弯灵活、省力轻快，所以深受用户的欢迎，后经改进成为 PA13 型标定车。1964 年，广州自行车厂参考英国兰翎牌自行车，生产出五羊牌 26 寸 QE42 型和 QE41 型男女式轻便自行车。整车选用轻便型车把、线闸、前叉等一批零部件。此后，该厂又在 PA13 型标定车的基础上进行改进，例如，增加整车的电镀件，选用全链罩、轻便型脚踏等，定名为 PA14 型。这些经典产品的设计整合了国内自行车行业产品的所有成功经验，具有“集大成”的特点。五羊牌在普通型自行车设计方面采用“跟随战略”，即学习、移植国内各项先进技术及工艺，但在设计改进方面不愿承担风险，因此自行车造型与永久牌几乎完全一致。

图 1–92　五羊牌自行车前叉特写

图 1–93　五羊牌自行车细节设计，可以发现与永久牌自行车没有太大区别

图 1-94　五羊牌自行车的镀铬技术处于国内一线水平

2. 五羊牌 K210 型 16 寸小轮缩体自行车

五羊牌 K210 型 16 寸小轮缩体自行车的成功设计表明五羊牌自行车在设计开发方面并非毫无作为。1973 年，广州自行车厂借助国家加大对自行车行业投入的有利条件，在新增设备的支持下，研制了新产品 K210 型 16 寸小轮缩体自行车，并在征求中国香港等代理商的意见后设计定型。

图 1-95　五羊牌 K210 型 16 寸小轮缩体自行车特别选择花丛为拍摄背景，作为产品样本的封面，强调车架应用了新工艺

图 1-96　收缩后的五羊牌 K210 型 16 寸小轮缩体自行车，方便存放和携带

该产品车身最长设计为 130.6 cm，收缩后为 96 cm；车把升高后为 101 cm，收缩后为 69 cm；鞍座最高为 83 cm，收缩后为 55 cm。因此，最终包装尺寸定为 96 cm（长）×21 cm（宽）×62（高）cm，重量为 17 kg。

从整体上看，该车造型独具淑女风范，正如产品说明书上所表述的那样：“采用优质钢材制造，车把、鞍座的升降及车架的长度均可自由调节。它的款式新颖，体型轻巧，骑行轻快，舒适安全，携带方便。”

该产品的最大设计诉求点是“毋需工具，即可调节！”任何地方的调节只需旋松产品上的相关手轮、螺母扳手即可实现操作。脚蹬之类零部件的拆卸及安装也不需使用任何工具。

简 要 说 明

五羊牌 K 201 型伸缩微型自行车系采用优质钢材制造。车把、鞍座的升降及车架的长短均可自由调节。它的款式新颖，体型轻巧，骑行轻快，舒适安全，携带方便。

CONCISE DESCRIPTION

"FIVE RAMS BRAND", MODEL K 201, extensible miniature bicycle is made of superior steel. The elevating and lowering of handlebar and saddle, and the retractable frame are all of easily adjusted. Its model is quite new. It is light, comfortable, sturdy, durable and is easy to carry.

关于调节的说明 （DESCRIPTION OF ADJUSTMENT）

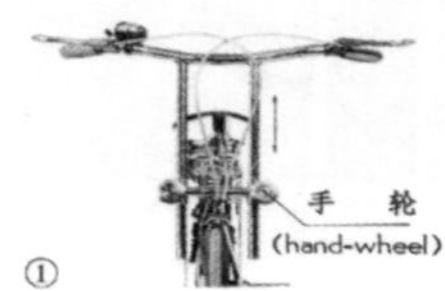

1. 车把的升降：

旋松车把立管横梁两端夹头的手轮，即可自由调节。（图 1）

LIFT OF HANDLEBAR:

Turning the hand-wheels of the upper tube's clips of the handle stem, thus the handlebar may be adjusted. (Fig. 1)

2. 鞍座的升降：

把鞍管夹头的螺母扳手旋松，鞍座高度即可调节。（图 2）

LIFT OF SADDLE:

Turning the handle nut of the seat pillar pin, so as to adjust the height of the seat pillars. (Fig. 2)

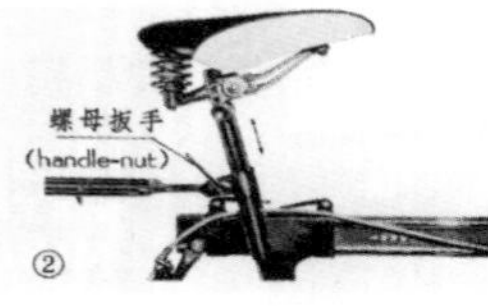

毋需工具，即可调节！
（ADJUSTMENT WITHOUT TOOL）

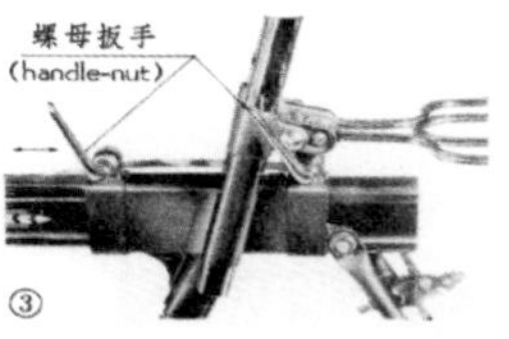

3. 车架长短的调节：

旋松车架后接头的两只螺母扳手，车架长短即可调节。（图 3）

ADJUSTMENT OF THE LENGTH OF THE FRAME:

Turning both handle nuts of the pins on the square bracket shell, the length of the frame will be adjusted. (Fig. 3)

4. 脚蹬的拆卸及安装：

拆卸：将卡环的方孔仔细地套入脚蹬轴的扁平面上，并使卡环的缺口卡住脚蹬内板；用左手紧按着卡环，右手握住脚蹬，即可将脚蹬自曲柄螺孔内旋出。（图 4）

（注意：左脚蹬应向右旋，右脚蹬向左旋），安装时作法同上，但旋向与拆卸相反。

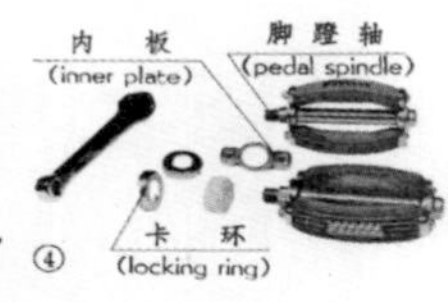

TO TAKE-DOWN & FIX THE PEDAL:

Take-down: Putting the square hole of the locking ring carefully into the flat plane of the pedal spindle, making the cut of the locking ring locking the inner plate of the pedal; with the left hand pushing the locking ring, right hand handling the pedal, then the pedal will be turned out from the screw hole of the crank. (Fig. 4)

(Note: Left pedal to be turned on right-side and right pedal to be on left-side).

For fixing the pedal on, the direction of the turn is just opposite to that of take-down.

图 1–97 五羊牌 K210 型 16 寸小轮缩体自行车说明书，中英文双语，表明其具有打入国际市场的明确目标

该车整体色彩采用明亮的纯色，这在当时是十分大胆的突破。鞍座的色彩与车架及其他部件相互呼应，加之高质量的电镀件配合，使整个产品的品质感十足。这是因为在漆种使用方面，之前自行车所用的都是沥青漆，颜色只有黑色，在逐渐选用氨基漆后，车架的颜色才从纯黑中解放出来，出现了墨绿、天蓝、透明绿以及其他各种各样艳丽的颜色。该车在中国进出口商品交易会展出后受到很多外商的青睐，

他们大量采购后将其远销到世界各地，这是中国自行车首次进入欧美市场。在1980年后，轻便型自行车的规格不断增多，型号不断增加，花色品种不断涌现，涂装颜色也不断变化，产品逐渐向中高档发展。

在20世纪50年代，自行车包装采用的是最原始的麻袋、柳条筐等。到了60年代才逐渐过渡到以木条加草席，然后是采用木箱包装。但是木箱包装也显露出许多缺点：每箱装10辆车，由于重量大（重达200 kg），包装落后，在长途运输过程中零件互相碰撞，再加上搬运不当，因此零件散失时有发生。此外，自行车产量不断提升，导致包装耗用的木材逐渐紧张，供不应求。为此，1983年国家经济委员会委托中国包装总公司会同有关单位开展自行车包装改革，推行“以纸代木”，最初每箱装5辆车，后改为每箱装3辆车。

自行车包装一直以来都是由人工完成的，劳动强度大，并且经常有错装、混装等事情发生，造成产销矛盾。为了改变这一状况，1986年广州市自行车工业公司建成了一条包装生产流水线，全部零件都在生产线上完成装箱，既减轻了劳动强度，也改变了依靠人工包装的落后面貌。

1981年，广州市自行车工业研究所开始展开铝合金材料在自行车上应用的研究，攻克了铝合金车圈、车把等零件的制造工艺技术，成功制成五羊牌QE81型和QE84型男女式铝合金自行车。在1983年通过省级鉴定后，率先在广东省将铝合金应用于自行车上，使整车重量比同类钢质车减轻20%。

1985年，广州市五羊自行车工业公司试制成功QE50型变速自行车，从此，广东省自行车开始由单速向多速发展。

20世纪90年代之后，随着中国台湾企业入粤，广东省自行车制造水平整体提高，零部件标准化水平也随之提升，品种及花色日渐增多，配套一辆轻便型自行车比之前容易得多，这在客观上也为轻便型自行车增加花色及品种提供了物质保证。铝合金和轻合金的推广及应用使自行车变得更加轻巧，整车上安装变速器使自行车变得更为轻快，艳丽多彩的油漆又使自行车变得越来越花俏，因此轻便型自行车自然受到了更多人们的喜爱和青睐，并成为自行车的主流品种之一。

三、工艺技术

1960 年，广州自行车厂生产出 28 寸菱形车架，因为选用了较大壁厚的管子，所以生产出来的车架很笨重。1964 年，该厂开始生产轻便型车架，由于管子壁厚减小，因此车架重量减轻。至 20 世纪 80 年代，车架质量和强度随着制造材料的改变不断提升，车架更为轻巧，形式多样，规格不断增加，例如，有 H 形、U 形、大弯木梁、双弯木梁等。在山地车问世后，一种无接头的山地车车架向传统的有接头车架发起挑战。随着车架制造工艺的提高和设备的完善，生产方式也随之改变，只有整车厂才能生产车架的观念已经革新，许多小型组装厂的建立使车架已经可以作为一个零部件进行生产了。

广州自行车行业在工艺技术发展方面几乎经历了与飞鸽、永久一样的历程：靠简陋的设备起家，在逐步更新设备的同时推出各种产品，更新技术的关键时刻往往也是新产品诞生的良机。但与飞鸽、永久相比，其工业技术的进步具有两个优势：一是因为广州长期举办进出口商品交易会，广东自行车行业可以看到来自全国各地的各种产品，便于研究各种工艺技术并迅速消化；二是同样基于上述原因，可以广泛接触各类客商，听取来自市场的丰富的需求信息，调整自身产品定位。例如，在很长一段时间里，自行车所用油漆均选择沥青漆，虽然在物理性能上达到了防锈、防腐的功能，但却无法选择其他色彩，只能在黑底上选用金色或其他色彩的图形装饰。至 20 世纪 70 年代中期，在选用了氨基漆之后，车架等零部件的色彩变得鲜艳亮丽，使整车产品在市场上取得了成功。后来，公司考虑将产品进一步拓展，设计了更加漂亮的造型，需要更加复杂的工艺来支持，其中异型钢管需要由上海供应，再加上使用许多专用部件而非通用部件，因此大大推高了成本，导致产品价格不能被外商所接受。

1. 切削加工

20 世纪 60 年代，广东省自行车行业普遍使用棚架式、皮带式老机床生产，零件是逐件、逐工序进行加工的。20 世纪 70 年代，根据不同零件设计出不同型号的单机或半自动机床，例如，加工轴档、轴碗、花盘等，进而开发出一批多工序切削加工专用组合机床以及实现自动落料、自动切削、几个工序同时加工的自动切削机床。1985 年，广州自行车厂制成的曲柄程控组合加工机床能一次将曲柄加工完毕。20 世纪 90 年代，金属切削加工进入了专机数控自动化时代。

2. 制管

在 1963 年之前，广东省制管工艺技术和生产设备都落后于国内同行，采用的是手工或半手工操作，其过程是首先将钢板截成所需的长度和宽度，再由人工卷轧成管状，用风焊焊接管缝，再经手工磨边、磨光、磨平焊口、调直、矫正。生产出来的管子质量差，生产效率低，每小时只能生产 6 m。1963 年，广州自行车厂自行设计安装了一台 60 kW 高频焊管机。该设备由高频发生器和轧管成型机两部分组成。钢板通过辊轧成型为管状，再由高频发生器加热焊口，使金属熔化后自动焊接起来，然后铲平焊口，再经校正、切断。这些工序都是在焊管机上自动完成的。该机速度为每分钟 30 m，其效率比手工操作提高了 300 倍。因此，该机的投产大大地改变了广东省制管的落后生产状态。1970 年，广州自行车厂又制成更大功率的 100 kW 焊管机，其速度提升到每分钟 60 m。此后，广东省内各个企业陆续制成 100 kW 焊管机。

1984 年，广州自行车厂又制成 250 kW 大功率焊管机，可焊接壁厚达 4 mm 的管子。1985 年，该厂从联邦德国引进一台全自动程控高频焊管机，管子壁厚可从 0.6 mm 至 1.2 mm。至此，广东省管子制造技术和设备有了很大程度的提高和发展，生产逐渐普及化。无论是自行车架所需的管子，还是前叉腿的缩管，以及车把立管的不等壁管都能生产制造，满足了广东省自行车用管的需求。

在管子用材方面，初期以热轧片 A3 钢材为主。1968 年后改用 B2F、B3F 或 SS41 冷轧钢板，使管子质量大大提高，产品的刚度和强度也大大增强。20 世纪 90 年代后，产品逐步升级换代，合金钢管和高强度铝合金管的应用也逐渐增多。

3. 焊接

在 20 世纪 60 年代初期，车架、前叉的焊接多数采用煤炉加温进行，焊接温度和时间控制全凭经验操作，因此质量极不稳定，产量也上不去。

自 20 世纪 60 年代中期起，车架、前叉的焊接由盐浴浸焊完成。盐浴浸焊工艺是将工件浸入 1 000 ℃的熔盐介质内进行钎焊，电极通电熔化盐介质，耗电量极大。但是盐浴浸焊的最大优点是效率高，一次可浸焊 12 个车架和 18 个前叉。盐浴浸焊也有致命弱点：一是温度过高容易导致零件变形；二是耗电量大；三是盐残留在车架管内，难以彻底清除，腐蚀零件，影响产品的使用寿命。

随着山地自行车的兴起，无接头车架逐渐取代有接头车架，其生产方法也随之变革，二氧化碳保护焊和氩弧焊成为车架、前叉、车把等零件的主要焊接工艺。

1982 年，广州自行车厂在车圈联合缝焊机上加上滚动接触焊接工艺，大大增强了车圈的刚度，使制造车圈的钢板厚度从 2.5 mm 降至 1 mm，节约了原材料。同年，广州市自行车工业研究所开发铝合金车圈，成功应用闪光对焊工艺，这一工艺在当时行业中处于全国领先地位，1984 年获得广东省科技成果奖。

4. 油漆喷涂

在 1964 年之前，广东省内自行车的油漆喷涂工艺还很落后，手工制成的管子表面凹凸不平，大小不一，十分粗糙，所以给涂装工作带来不少麻烦。当时，油漆喷涂全由手工操作：漆前处理用破砖块或砂纸磨锈，淋底油由人工瓢泼，烘干由人工推入烘箱——一个以柴煤做燃料、靠一支普通温度计测温的炉子，面漆用排笔上油等。这样做导致产量低、质量差，每天只能生产 200 个车架。

1963 年，高频焊管机投产解决了管子的质量问题，上灰、打磨工序随之取消。1964 年，广州自行车厂以一条长 5 m 的淋油生产线替代了手工喷涂。1970 年，广州自行车厂从上海引进静电喷涂工艺，采用旋杯式静电喷涂法，当工件进入喷房时即旋转，两个旋杯固定自转喷出漆雾。使用这一工艺后，车架产量从日产 1 000 个增加到 3 000 个，但是由于吸附效果较差，油漆大量落地造成了极大浪费，而且附着力不稳定也影响了产品质量。

1978 年，广州自行车厂为了适应生产发展的需要，自行设计制造车架缓洗磷化自动生产线、静电喷面漆生产流水线、车架贴花生产线、车架罩光生产线，将原来分散的生产工序串联起来成为一条全长 1 200 m 的油漆喷涂作业自动生产线。该生产线每小时可喷涂车架420个，产量较过去提高3.7倍。该生产线无论是在工艺技术水平方面还是在自动化水平方面均达到当时全国同行业的先进水平。

1984年，随着产品花色不断增加，油漆的颜色也随之改变，为此广州自行车厂从日本引进了“奥米茄”静电喷涂工艺。同年，江门市自行车工业公司制成一条高频全自动车架喷涂生产流水线。1985年，深圳中华自行车公司采用国外先进喷涂工艺与设备，全电脑控制，使喷涂变换一种颜色只需5分钟。至此，广东省自行车喷涂工艺与设备已向国际水平看齐。

进入20世纪90年代，市场对自行车产品提出了多品种、多色彩的要求，一批小型组装厂抓住时机，一方面改变车架，另一方面采用手工喷涂工艺，以便满足顾客对色彩变化的需求。因此，小型箱式烘干设备随之兴起。

20世纪80年代后期，广东省有些整车厂开始使用聚酯粉末喷涂工艺，其中肇庆南华自行车有限公司和顺德骑乐多功能自行车有限公司应用得较好。为了节省能源，20世纪90年代中期，一些厂家采用了多次喷涂、一次烘干的工艺。

5. 电镀

在1966年之前，自行车零件电镀生产以人工挂镀方式进行。工人提着镀罐，遇到镀镍不全浸时及镀铬时，还要靠手工去移动阴极。这是一项繁重的体力劳动，工艺流程烦琐，产品要经过打磨—镀铜锡合金（或镀镍）—抛光—镀铬—抛光五大工序，

图1–98　五羊牌自行车电镀部件特写

工序与工序之间分散，因此产品易被碰花，返工率高。镀液温度靠发热丝绕制的电热笔，化学除油使用煤炉，镀前处理采用手工洗擦，整个工艺和配方都单凭经验，缺少科学的方法和检测设备，导致生产经常出现故障。这样的生产方式使产品质量难以保证，产量也无法提高。

1966 年，广州自行车厂制成一条半机械化的直线电镀生产线，电镀生产由多工序手工操作发展到机械化生产阶段。1970 年，该厂又制成一条二步法镍铜—镀镍—镀铬等工序一气呵成的全升降环形电镀生产线，将镀铜工序放入镀镍自动生产线内，避免了直线式反复往返造成镀液混杂的弊端。1982 年，全部采用液压全升降生产线，使运行更加稳定可靠，同时，全线采用自动调控槽液、真空泵过滤镀液、自动添加添加剂等技术，使电镀技术工艺和生产设备进入到全国先进行列。

6. 废水处理

1983 年，广州自行车厂建成污水处理站，负责废水处理。20 世纪 90 年代以后，广东省电镀行业采用无氰电镀工艺。

7. 零部件加工

1968 年，广州自行车前叉泥板厂的成立促使前叉生产转向专业化方向发展。1983 年，该厂生产的五羊牌前叉被评为广东省优质产品。此后，肇庆自行车零件一厂专业生产前叉，产量大，除内销外还供出口；中山石岐工具厂成为专门生产前叉零件的厂家。1992 年，中华复合材料制品有限公司应用碳纤维生产前叉获得成功。

20 世纪 90 年代，一批台商进入广东省参与前叉生产，使广东省的前叉生产继续向专业化方向迈进，产品档次和技术水平得到全面提高。其中，信隆公司生产的 ZOOM 牌前叉享誉世界，2000 年该公司产量达到 5 500 万套；卜威公司使用 7075 铝合金生产避震叉，强度比用 7005 铝合金提高了 50%，重量减轻了 30%。

车把可分为固定式和组合式两大类。20 世纪 60 年代生产的车把都以固定式平把为主。后来，随着轻便型自行车、BMX 越野车、山地自行车等类型的自行车兴起，组合式车把也逐渐发展起来，车把形式开始千变万化，而固定式车把逐渐被取代。

图 1-99　五羊牌自行车车把特写

车把因车型而异，有一种下弯把式的车把是专供赛车使用的；BMX 越野车的车把要加保护套；山地车车把是一字形的，后来发展到有副把。车把用材也在不断改进，1983 年，广州市自行车工业研究所开始应用铝合金制造车把。1992 年，中华复合材料制品有限公司应用碳纤维生产车把。

1956 年，汕头自行车厂开始生产轮辋和辐条，成为广东省最早生产轮辋的厂家，其产品配套全省和省外。同年，广州市力一车圈厂也开始生产轮辋，后并入广州自行车厂配套该厂整车。

1978 年，广州自行车厂技工黄立本在轮辋制造的成型机上加装了自动测长切断装置，解决了车圈毛坯成型后再搬到另一台机用人工测长、切断的问题，使车圈成型、卷圆、测长、切断连续生产成为可能，同时大大降低了工人的劳动强度，减少了运输环节、设备和人员。

1981 年，谢耀文兄弟在梅县合办雁洋自行车零件厂生产车圈，至 1986 年产品行销全国 11 个省市，成为全国自行车车圈的主要生产厂家。1982 年，广州市自行车工业研究所与华南工学院合作开发铝合金车圈，攻克了铝合金车圈焊接工艺。1984 年，此项目获得广东省科技成果奖。1987 年，汕头自行车厂制成镶接式铝合金车圈配套中华自行车出口，该项目通过省级鉴定。20 世纪 90 年代，多家中国台湾厂商在广东省内设厂生产车圈，其中顺德开任车料有限公司及亚猎士铝制品（深圳）有限公司专门生产铝合金车圈。

20世纪六七十年代，曲柄的加工多是由单机单工序完成的，特别是在机械加工方面很落后。1985年，广州自行车厂开始使用连续式辊锻制成坯件，再机械加工制成曲柄组合机，全由微电脑控制。

1956年，中山石岐自行车零件厂专业生产自行车飞轮。20世纪70年代，广州自行车飞轮厂和佛山自行车飞轮厂成立。这些厂家的生产都是以普通飞轮为主，在省内外颇有名气，其中中山石岐自行车零件厂生产的飞轮产品还销往国外，但是后来因为出口价格过低，企业无法维持，被迫转产。1987年，广州自行车飞轮厂生产的五羊牌自行车飞轮获得轻工业部优质产品称号。1990年，中国台湾川飞公司在深圳设厂生产变速器和多速飞轮，至此广东省才真正开始变速飞轮的生产，此后又有多家台湾厂家在广东设厂。

20世纪90年代，随着山地自行车的不断发展，其车架形状、用材及制造工艺都发生了很大变化：突破了传统自行车车架的造型，向避震型发展；用材趋于多样化和轻量化，采用铬铜合金、钛合金、铝合金和复合材料等。

1992年，中华复合材料制品有限公司使用可焊接碳纤维管（简称WCF管）制出碳纤维车架。1993年，深圳中华自行车股份有限公司开发出自行车车架专用MIG/TIG焊接机械手。同年，广州自行车厂研制出铬钼钢山地车车架。1994年，该厂用高强度铝合金生产出铝合金车架，其重量较一般车架轻40%。1995年，该厂试制出钛合金山地自行车车架。随着脉冲氩弧焊接技术的普及，广东省自行车车架制造技术水平不断提高。

车架中接头的加工是从开料到多次热冲成型坯件再经机械加工完成的，工序流程长，多次加热冲压也容易造成次品增多。为此，1982年，广州自行车二厂首先采用冷挤压工艺，将多个工序合并为一个工序完成，提高了生产效率和产品精度。1984年，广州自行车厂又在此基础上采用此工艺生产车把接头。

冷挤压工艺是冲压工艺的一个分支，具有生产效率高、零件机械性能好、表面质量好、精度较高、加工量少等优点。1988年，番禺市桥自行车零件厂引进中国台湾冷挤压中轴全套设备，使中轴可一次挤压成型。20世纪90年代后，冷挤压工艺的使用更为广泛，可以做到尽量少切削，甚至无切削。

1989 年，广州自行车飞轮厂从美国引进一套热处理设备。1990 年，番禺市桥自行车零件厂从日本引进一台网带式热处理自动生产线。这些设备使广东省热处理工艺水平不断提升。

1989 年，广州自行车二厂将车架喷涂、烘干、贴花等工序合并，并将车架直接与组装装配线连接，大大减少了车架的运送时间。

四、品牌记忆

中国国际文学艺术家协会会员的廖保平曾这样回忆家里的五羊牌自行车。

在我家阁楼上，放着一辆五羊牌 26 寸男式自行车，锈迹斑驳，蒙着尘灰。脚踏板早就不见了，剩下两根磨得光溜溜的秃踏杆，杆头上的螺纹已磨得不太清晰了，说明它在“残疾”的情况下还被频繁使用，像一头老黄牛，不到动不得的时候，就退不了役。现在，它早已进了我们家的博物馆（凡扔在阁楼里的东西都是陈年旧货），不复有初到俺家的风光。当初它是怎样一种风光呢？我该怎样来形容呢？还是从头说起吧。

1985 年，我老家那个处在大山深处的小山村居然开通了公路，这主要是得益于我们村被探明有一处矿藏，据说是黄铜矿，为了开采这处矿藏，修了一条通达乡镇的村级公路。一时间，地质队的采矿家伙轰轰隆隆地开进了与世隔绝的山村，现代化的东西也涌了进来，什么电灯、电话、电视、电影、相机、汽车……在小山村里闪亮登场，村民们眼里都闪着亮光，像过节一样新奇兴奋。不过，据说这个矿的纯度不高，搞了两年就草草收场了，小山村再度恢复往日的宁静，直到后来卖给一个矿老板才再度揭开盖头。好比有了马要配鞍，有了路就要有交通工具。那时家里拮据，父亲下了很大的决心才买下了这辆自行车。20 世纪七八十年代，被人格外看重的“三大件”，我们家在 80 年代中期才终于拥有了一件。买回来的时候，崭新的自行车无一处不锃亮。左邻右舍都来围观，赞声啧啧，父亲露出孩子般的笑容，给车轮的每一根轴线都套上 1 cm 长的五颜六色的电线胶皮，轮子转动起来，胶皮上上下下地滑动，煞是好看。父亲每次骑回来，都会用抹布认认真真地擦，给转轴的地方上机油，还备了修车的诸多工具，看得出，父亲把它当宝贝似的爱护着。对于瘦小的我来说，这辆车显得如此庞大，把座垫调到最低，我才能踮着脚尖，屁股左一扭右一扭地骑动。那时候，伙伴们最为炫耀、最为过瘾的事情，莫过于“飙车”，在崎岖不平的公路上，拼着命往坡上蹬，然后放开双刹朝坡下呼呼冲去。“飙车”的结果是让自己和车子很受伤，不是自己摔得皮开肉绽，就是车子摔得伤痕累累，这还不够，回家还要挨一顿老拳，只是大伙儿乐此不疲，用挨揍换取快乐。我现在还能从身上找到某个疤痕，那是“飙车”的纪念章。

仅过一年，这辆五羊牌自行车就归我“掌控”了，因为我考上了中学，而学校离家足有30里地，每个周末回家一趟拿钱、拿米。父母怕我走路辛苦，把车子交给我，交代后事似的庄严，一再强调要我懂得爱惜，防偷防盗，注意安全。我确实是一个懂得爱惜的人，在30里地的路程上，基本不随便“飙车”，每次到寄宿学校，把车擦得干干净净地锁在宿舍床头。就这样，它伴我度过了一年多的时间，风里来，雨里去，直到我离开那所乡村中学，转学到别处。公路是新修的，有很多尖锐的砾石，经常把车胎扎破，加上来来回回的颠簸，铁做的东西也受不了。最怕车子坏在半路，那真是一件让人绝望透顶的事，因为一条路上都不会有一个修车的地方。此时，它不再是方便的工具，而是一个累赘，自己走，还要推着比自己轻不了多少的它爬高高的陡坡，然后又拉着它走下高高的陡坡。一路上没有伙伴，只听得见自己的脚步声和吭吭哐哐的自行车声，一辆自行车陪着一个少年走在寂寞的人生路上。

现在，我已经用私家车代步，多年没有骑自行车了。有个周末，一家人到武汉东湖风景区游玩，租了辆双人自行车，带着老婆上坡下岭，轻松自如，不时做一些高难度的骑行，老婆吓得脸色泛白，而我兴头正大，她没有想到我居然有这么好的骑术，那是因为她不知道我曾经骑着一辆“85式”五羊牌自行车在乡村公路上飞奔着。

五、系列产品

如今老式五羊牌自行车已不多见。经典车型 WY48 型的车架部分采用男式加重接头车架，重中之重的前叉部分采用经典的加重管肩前叉造型，刹车系统采用优质电镀杆闸，车轮部分采用优质电镀加重钢圈、恒奇轮胎、前 11K 后 10K 辐条。优质电镀零件、载重支架、半罩、优质皮鞍座、加厚泥板等细节配置保持了整车的制造水平。

2010 年，基于上述产品技术的积累，企业打造了五羊子品牌 Vyoung，推出现代碳纤维公路车，目标是以环保材料打造绿色产品，紧跟低碳潮流，积极开发适销对路的新产品、新车型，继续扩大市场销售份额。

新产品设计充分发挥新材料的可塑性特点，造型生动，具有雕塑感，再加上富有现代感的色彩涂装，充分体现了“运动”的特征，完全契合了青年消费者张扬自我个性的需求。以此系列产品推出为标志，五羊正式进入中高端产品市场，而这一系列产品也成为企业巩固市场地位、保值增值“五羊”品牌战略的核心产品。

图 1-100　五羊牌 Vyoung 现代碳纤维公路车

第五节　其他品牌

1. 凤凰牌自行车

1958 年，上海铁床车具生产合作社、中华五金医疗器械生产合作社和同昌车行制造厂、亚美钢圈厂、商顺隆电镀厂、金山铁工厂等 18 家中心厂以及部分小厂共 267 家厂合并组成上海自行车三厂，生产凤凰牌自行车。1964 年，成功制造永久牌、凤凰牌 PA14 型高级平车，分别试制 200 辆。车架、前叉和链条等主要部件采用高强度低合金锰钢、镀镍工艺和 6 种色漆品种，整车重量、骑行轻快性、构件强度、档碗耐磨性、电镀和油漆质量、成车装饰和轮胎性能等 10 项指标，达到兰翎牌自行车的质量要求，全面提升了永久牌和凤凰牌自行车的质量和市场信誉。同年，上海自行车三厂小批量试制凤凰牌 52 型 26 寸轻便车，采用全链英制涨闸，彩色油漆。1964 年，上海自行车三厂设计和制造成功并大量生产凤凰牌 91 型载重车。

1965 年，因镍和鞍座原料匮乏，改用其他原料，改为 PA13 型，以便扩大生产。1965 年，上海自行车三厂设计生产凤凰牌 16 寸 BZ01 型避震小轮车。

1970 年，上海自行车三厂试制成功凤凰牌 PA18 型自行车。1971 年，上海自行车厂生产永久牌 PA17 型自行车，产品均装有全链罩、镀铬衣架和单支撑、转铃和拉杆式轮缘闸，用罩光漆。凤凰牌自行车首次采用立凤商标。1988 年，上海自行车三厂还试制成功凤凰牌 YM821 型 16 寸车。

1989 年，上海自行车三厂设计生产凤凰牌 26 寸 YE870 型 12 速山地车和 24 寸 YE850 型 12 速山地车，出口至 8 个国家及地区。至 1990 年，上海市生产自行车 224.27 万辆，有 38 种型号：永久牌 11 种，凤凰牌 24 种，扳手牌、新华牌和生产牌各 1 种。

图 1–101　凤凰牌自行车商标

图 1–102　凤凰牌 PA14 型 28 寸自行车

至 1990 年，凤凰牌自行车出口 1 325 万辆，创汇 5.5 亿美元，年均出口量占全国自行车出口量的 60%，自行车出口总量和创汇额均占全国同行业首位。至 1995 年，上海自行车三厂员工达 10 524 人，占地面积 364 681 ㎡，建筑面积 301 079 ㎡，固定资产原值 6.56 亿元，净值 4 亿元，工业总产值 17.01 亿元，销售收入 16.27 亿元，利税 1 641.9 万元。

图 1–103　凤凰牌自行车产品说明书封面

• 車架高度：530毫米（21英寸）。
• 390毫米賽車式車把，帶副閘杆的鋁合金閘把，把立管標有安全定位線。
• 雙鏈輪（40、48牙）和外六飛（14、16、19、21、24、28牙），可變換12檔速度。
• 賽車式鞍座、鞍管標有安全定位線。
• 鍍鉻圓鋼式衣架。
• 裝有前後輪反射器。

- Frame size: 530mm (21in).
- 390mm width racing type handlebar with extension lever, handle stem with safe positional line.
- 40 X 48T chainwheel, 6-sprocket of 14, 16, 19, 21, 24. 28T, multiple freewheel, 12 speed.
- Racing type saddle, seat pillar with safe positional line.
- C-p steel rear carrier.
- Relfectors in front and rear wheels.

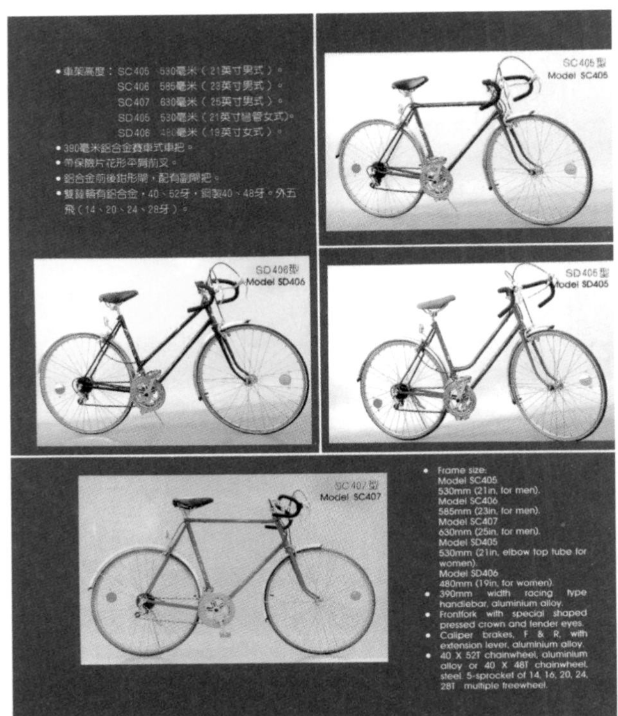

图 1–104　凤凰牌自行车外贸版产品说明书力争塑造“幸福的都市生活”品牌形象

2. 金狮牌自行车

1974 年，常州印铁制罐厂开始试产金狮牌 26 寸自行车。1976 年，该厂与常州电镀厂合并，建立常州自行车厂，成为生产 26 寸轻便型自行车的专业厂。常州自行车厂由市轻工业局组织协作配套，按照“一条龙”模式，采取“一厂一件，联合成片”的办法，1976 年生产金狮牌自行车 8 383 辆。1978 年，经国家经济委员会、对外经济贸易部、轻工业部批准，成为对外贸易出口专业厂。

1979 年 4 月，在常州自行车厂的基础上成立常州自行车总厂。总厂对 1 个直属厂、7 个分厂、1 个研究所采取党、政、群、产、供、销、人、财、物“九统一”的管理制度，共有设备 794 台（套），当年生产自行车 6.03 万辆，实现利税 152.7 万元。

1981 年 4 月，常州自行车总厂与外贸部中国出口商品基地建设总公司合资经营，

图 1–105　金狮牌自行车商标

定名为工贸合营常州自行车总厂。先后从日本、德意志联邦共和国、法国、美国引进气体焊接工艺、彩色油漆线等设备 80 多台（套），全面加强质量管理，改善组装、焊接和油漆生产条件，质量提高，品种增多，出口增加，当年创汇230万美元。1982 年，金狮牌 26 寸自行车被评为省优质产品。同年，东风压缩机厂和自行车研究所实验所合并，组成常州自行车二分厂，主要生产 24 寸小轮轻便车，当年生产 31.74 万辆，在全国 45 家整车质量测试评比中，进入 A 级产品行列。1983 年，开发了 27 寸赛车、26 寸轻合金高档车等新产品，分别获江苏省轻工优秀新产品特等奖、一等奖和其他等级的奖励 9 项。27 寸赛车、26 寸轻合金高档车和轻便车三个品种同时获得国家经济贸易委员会颁发的全国优秀新产品金龙奖；26 寸男女式出口车获得对外经济贸易部荣誉证书。1984 年，常州自行车总厂提出“敢于攀登，质量求精，工艺创新，服务文明”的金狮精神，贯彻于生产和各项工作中。1984 年 10 月，在北京京密公路上主办了金狮自行车公路有奖赛运动会，参加的运动员达 1 014 人。同年 11 月，在“江苏之最”群众评选活动中，金狮牌自行车被列为全省“十佳”产品第二名。

南京自行车总厂 1984 年的产量从上年的 35.36 万辆减少到 17.26 万辆，下降了 51. 2%。为了扭转局面，南京自行车总厂与常州自行车总厂联合生产金狮牌自行车。随后，又有 9 个直属厂、10 个跨地区零件厂、126 个工艺加工点和 88 个商业单位参加，组成金狮企业联合体。1985 年，金狮牌 24 寸自行车和 QE20 型 26 寸高档自行车，以及无锡小轮自行车厂长征牌QE型26寸高档自行车，均被评为省优质产品。1986 年，在金狮企业联合体内，38 个主要成员单位开展“一全二优”（全面质量管理，优质配套，优质供应）金狮杯竞赛，以零件升级确保整车升级，以零件创优确保整车创优。当年，金狮牌 26 寸自行车各项技术指标都达到或超过部颁标准，获得国家银质奖。

1987 年，江苏省轻便车生产企业有 7 个，产量为 198.74 万辆。其中，常州自行车总厂生产金狮牌自行车 140 万辆，产值 2.42 亿元，利税 5 355 万元（利润 2 700 万元）；出口整车 17.87 万辆，销往 34 个国家和地区，创汇 338 万美元；在国内 28 个省市设有 53 个经销网点，保持畅销不衰；金狮牌 24 寸自行车被评为部优质产品。

3. 飞达牌自行车

飞达牌自行车由上海自行车四厂生产，该厂于 1978 年改建而成，是一家生产小轮径飞达牌自行车的专业工厂。

1978 年，工厂在转产整车时，决定生产小轮、多速和中高档彩色自行车。当年生产了体积小巧的 20 寸自行车。1979 年，产量达到 1.1 万辆。1980 年，开始试制便于提携、刚性好、强度高的折叠小轮车和风载功率车。1986 至 1989 年，先后开发 BMX 越野车、YM 小轮径运动车、踏板车、BTB 山地车和 ATB 全地形自行车以及内燃机助动车等新品种。至 1990 年，已形成 12 寸、20 寸、24 寸和 26 寸四大系列小轮、折叠、轻便、越野和助动五大系列 66 个型号的新品种，并采用透明红、透明蓝、透明绿、闪紫色、柠檬黄、亚黑等色彩的油漆，使飞达牌自行车成为市场畅销的名牌产品。飞达牌 24 寸系列于 1989 年获得国家银质奖。

该厂结合转产整车，大力改进工艺和设备，采用二氧化碳气体保护焊和静电喷漆等先进工艺，并相继制造成功金属切削、冲压等专用设备及电镀自动生产线，拥有各种专用设备 979 台（套）和自动生产线 8 条。

图 1–106　飞达牌自行车商标

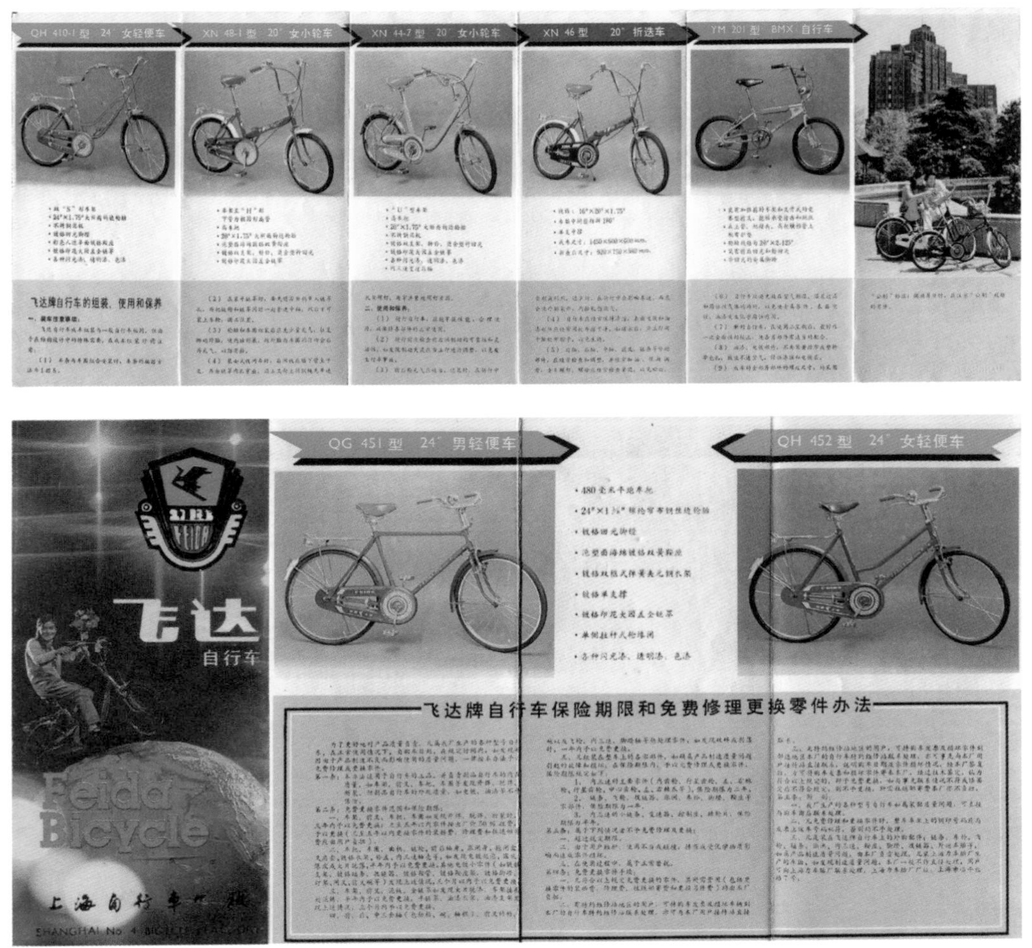

图 1–107 飞达牌自行车说明书

飞达牌还是国内著名的以女车、童车为主要业务的品牌，其最为著名的产品是QH452 型 24 寸女车。该车拥有在当时整个自行车市场中最为艳丽丰富的配色，在全行业用色单一沉闷的环境下非常吸引眼球。该车鞍座经过专门设计，采用了造型狭长以及线条与色彩更为柔和的样式，并通过对车罩的美化提升了产品在女性消费者心中的地位。在此基础上开发的男款自行车延续了女车的风格，仅仅是将车架改为男车款式，从而使整车别具一格。

4. 新蓉牌自行车

1953 年 2 月，成都自行车合作小组成立，有 10 多个自行车修配个体户参加。1956 年 1 月，成都东西城区将 100 多个体、集体自行车修理店（组）组织起来，分别成立成都市自行车修理合作一社、二社，各有职工 100 多人。一社有 50 多人生产制造自行车前叉、轴皮、单支架、双支架和中轴等零部件，其余从事修理业务。1958 年 3 月，一社更名为成都市自行车制造厂，生产峨眉牌 28 寸自行车。1959 年，成都市自行车制造厂职工发展到 565 人，其中管理人员 50 多人，技术人员 3 人，有 6 个车间，分散在成都市区 5 个地方。当时，除内外胎和链条需要省外配套外，从材料改制到各种零配件制造都由自己生产。1961 年，成都市决定将该厂划归市轻工业局管辖。1962 年，在国民经济调整中，该厂由于产品质量低劣、经济效益差被关闭，职工及设备分散调出，其中骨干力量 80 多人和设备并入成都机械修配厂。

1970 年，四川省支持成都市新建一个国营自行车厂，由成都铭牌厂采取"先土后洋、以厂养厂"的办法，将自行车厂的架构先搭起来。1971 年，从成都机械修配厂、成都纺织厂抽调部分骨干力量，利用育婴堂街一个窄小的院子，试产出一批新蓉牌 28 寸普通自行车，填补了四川省自行车工业的空白。

图 1–108　新蓉牌自行车商标

5. 海狮牌自行车

浙江省最早开始组装自行车是在 1930 年，杭州华发车行业主华锡平专营英国自行车并进口零部件组装自行车，定名为猎狗牌。20 世纪 50 年代末，浙江省开始生产自行车。1959 年，杭州车辆制造厂生产钱江牌自行车。1963 年，该厂生产自行车 4 865 辆，因企业亏损，当年停止生产。1965 年，杭州市有近百万人口，自行车拥有量不足 2.5 万辆。同年 8 月，杭州三利车辆社和光明制锁社合并，建立光明自行车零件厂，生产衣架等自行车零件。同时，试制组装 28 寸自行车，直到 1970 年 6 月试制出 13 辆样车，当年生产自行车 549 辆，商标为杭州牌。1970 年 7 月，该厂更名为杭州自行车厂。1971 年，被轻工业部定点生产自行车。同年 10 月，厂址迁至杭州市梅花碑水亭址 2 号。由于该厂未形成一定生产规模，因此一直处于亏损状态。1978 年，工厂加强生产组织领导，试制成功新品种海狮牌 24 寸自行车，该产品轻巧灵活，骑行安全，很受市场欢迎。1978 年，生产自行车 5.5 万辆，工厂扭亏为盈。1979 年，该厂推出海狮牌 28 寸载重自行车，适合农村需要，产品畅销省内外农村市场。当时，浙江省专业生产自行车零部件的主要有绍兴飞轮厂、桐庐链条厂和慈溪自行车配件厂等 10 余家工厂。

图 1–109　海狮牌自行车商标

杭州自行车厂于 1978 年 6 月自行设计制造成功前叉不等壁立管液压机，用于挤压前叉立管的不等内径。前叉立管由于壁厚不等，因此加工比较困难。当时，国内有的厂用非标长行程卧式冲床冲制（行程长度 500 mm 以上，吨位 100 吨，电动机功率 30 kW），还有的厂用成型机带芯棒轧制，无法加工的单位采用在厚壁处镶衬管来解决，以适应下部强度的需要。在国外，根据《自缝科技》1978 年第 4 期的介绍，日本是采用液压油缸交叉顶挤来解决，节拍为 12 秒 / 支。

6. 梅花牌自行车

鞍山自行车厂建立于 1974 年，是一家拥有近 5 000 名职工的大型自行车生产企业，其生产的梅花牌自行车曾是鞍山乃至辽宁省的著名品牌。十一届三中全会后，为了响应中央政策，该厂与日本爱之路公司合资成立鞍山斯波兹曼自行车集团，一时成为辽宁省的明星企业。

图 1–110　梅花牌自行车商标

7. 飞鱼牌自行车

1980 年，生产军品的江西连胜机械厂转产民用商品自行车，用很短的时间生产出第一批飞鱼牌 26 寸自行车，很快在市场上打开了销路。经过一年的试产和试销，连胜机械厂及时抓住市场上 26 寸轻便型自行车供不应求的信息，决定进入批量生产。同时，该厂认为：发展民品生产，必须一方面充分利用军工企业设备先进、技术力量强的优势，另一方面要依靠地方企业人力和资源的优势，走专业化生产的道路，这样才能扬长避短，与地方企业共同前进。因此，该厂决定把自行车的部分零件加工和电镀、热处理工艺转给地方企业，并在设备、技术和资金上给予支持和帮助。经过协商，1981 年分别将弋阳县农机厂、二轻机械厂作为自行车专业化生产的定点厂。此后生产的飞鱼牌自行车极大地满足了当地居民的基本需求。

图 1–111　飞鱼牌自行车商标

8. 飞翔牌自行车

1985 年，上海市五金交电公司开始发展郊区乡镇工业，与南翔车辆零件厂合作生产飞翔牌自行车，并且敞开供应，实行包销。这一方针使上海市自行车供求矛盾趋缓。1987 年，联合投资成立上海飞翔自行车厂，产品由自行车批发部销售，在福州、汕头、安徽、广东等地建立飞翔牌自行车经销处，为带动企业所在地的经济发展做出了贡献。

图 1–112　飞翔牌自行车商标

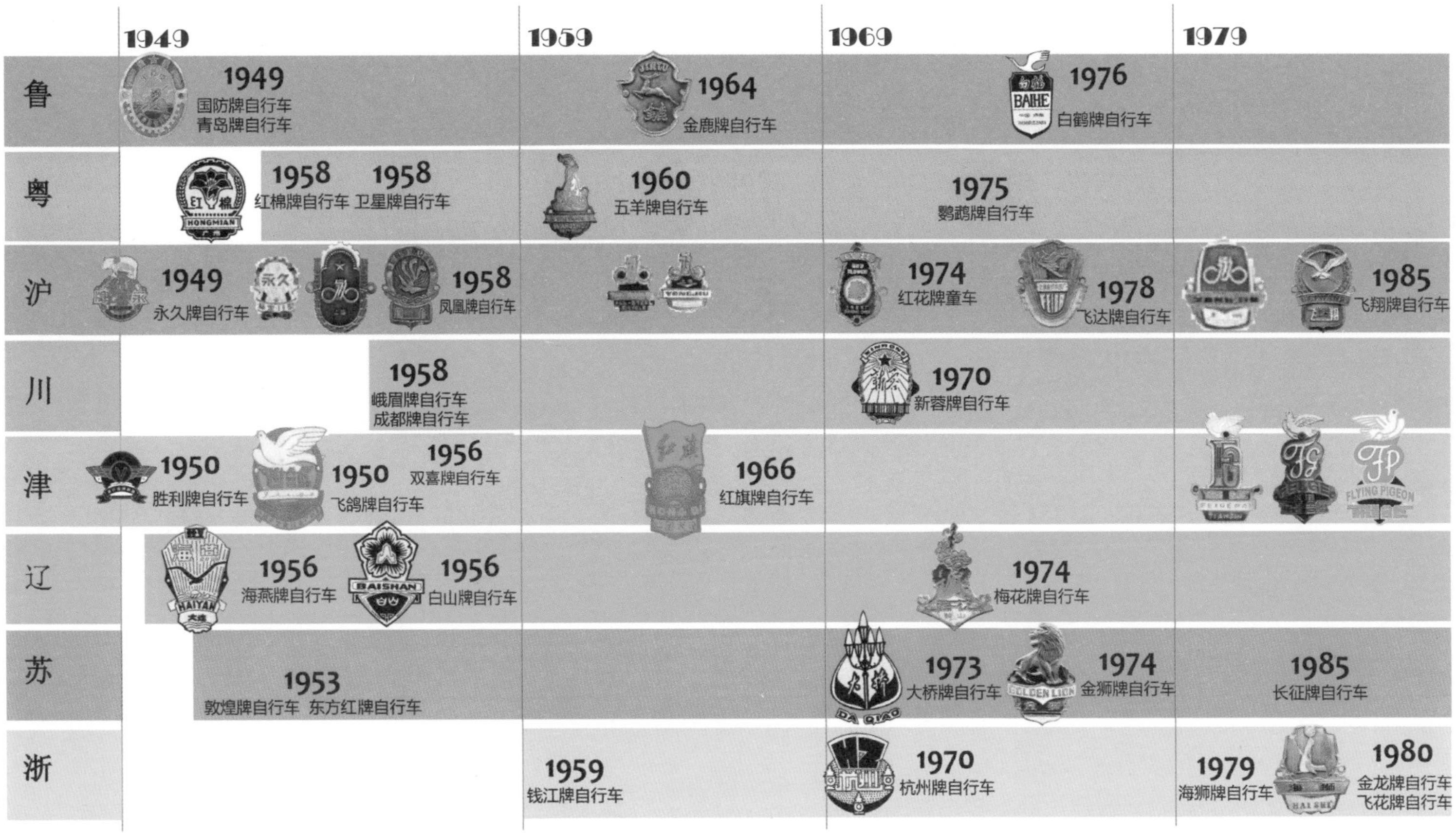

	1949	1959	1969	1979
鲁	1949 国防牌自行车 青岛牌自行车	1964 金鹿牌自行车	1976 白鹤牌自行车	
粤	1958 红棉牌自行车；1958 卫星牌自行车	1960 五羊牌自行车	1975 鹦鹉牌自行车	
沪	1949 永久牌自行车；1958 凤凰牌自行车		1974 红花牌童车；1978 飞达牌自行车	1985 飞翔牌自行车
川	1958 峨眉牌自行车 成都牌自行车		1970 新蓉牌自行车	
津	1950 胜利牌自行车；1950 飞鸽牌自行车；1956 双喜牌自行车	1966 红旗牌自行车		
辽	1956 海燕牌自行车；1956 白山牌自行车		1974 梅花牌自行车	
苏	1953 敦煌牌自行车 东方红牌自行车		1973 大桥牌自行车；1974 金狮牌自行车	1985 长征牌自行车
浙		1959 钱江牌自行车	1970 杭州牌自行车	1979 海狮牌自行车；1980 金龙牌自行车 飞花牌自行车

图 1–113　我国自行车品牌发展时代表

第二章　钟表

第一节　北极星牌钟

一、历史背景

1915 年，工商业者李东山在烟台创办宝时造钟厂。建厂初期，主要从盎斯洋行购进德国产钟机零件，组装出售，同时研制机械报时钟。其间，李东山曾 3 次东渡日本，观摩学习，重金购买造钟技术。1918 年，试制成功宝牌座式 7 天机械报时摆钟，并批量生产。

1933 年 12 月，由上海市社会局编纂、中华书局出版的《上海之机制工业》中记述："国内用机器制造时钟者，当以山东之德顺兴造钟厂（即宝时造钟厂，1931 年更名）为最早而最大……出品精良，极为国人所用。近年后起者，有永泰、永康、永业等厂。"

1936 年，英国人 A.G. 阿美德编著的《烟台通志（1935—1936）》中写道："作

图 2-1　李东山

图 2-2　宝时造钟厂旧址

图 2–3　早期的宝时造钟厂车间

为中国钟表工业的先驱，德顺兴有一个传奇的经历。德顺兴造钟厂今天在烟台工业界的崇高地位，完全归功于天生聪慧和眼光远的企业创始人——李东山。”这是对中国早年北方地区造钟奇才的描述，由此也可窥见当时中国制钟业的状况。

1915 年在创建之初，烟台宝时造钟厂的生产设备主要有大、小压力机 15 台，两马力电机 1 台，三尺车床 1 台。1956 年，公私合营后成立烟台造钟厂，主要设备 109 台，达到半机械化生产水平。

1928 年始，宝牌时钟行销中国香港、新加坡、马来群岛等地。1931 年，与烟台德顺兴五金行合并，更名为德顺兴造钟厂，年产时钟 5.5 万只，产品行销上海、南京、广州、重庆，并在天津、上海等地建立了货庄。1937 年 2 月的《中国工业调查报告》记载：“1932 年全国有造钟厂 6 家，山东占 5 家，分别为德顺兴、永康、盛利、永业、慈业，共有工人 1 000 余名，年产时钟 16 万只。”山东烟台成为当时中国最大的时钟产地，被誉为中国的“钟表城”和“东方瑞士”。1934 年秋，冯玉祥到烟台造钟厂时曾赋诗称赞：“无论钟，无论表，大家都说外国的物件好。到烟台，看钟表，装置既辉煌，机件又灵巧，谁说国货没有洋货好？”1936 年，研制成功第一批国产两星期摆钟、机械闹钟和游丝挂钟。1937 年，七七事变之后，烟台各造钟厂纷纷倒闭。到 1949 年仅剩 3 家，职工不足百人，年产时钟 3 600 只。

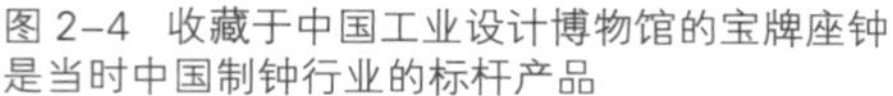

图 2-4　收藏于中国工业设计博物馆的宝牌座钟是当时中国制钟行业的标杆产品

图 2-5　民国时期生产的宝牌座钟

1954 年，烟台德顺兴、永业、新德钟厂先后实行公私合营。1956 年，成立烟台造钟厂（1962 年更名为烟台钟表厂），拥有资产 47.36 万元，主要设备 109 台，职工 433 人，年产钟 16.05 万只。1957 年，木钟产量提高到 5.33 万只，闹钟产量提高到 17.5 万只。1962 年，机械闹钟产量达到 38.27 万只，当年出口 2.4 万只。

在 1956 年公私合营、成立烟台造钟厂以前，山东造钟业的生产既无产品图纸又无工艺标准，产品以模拟试制为主，从投料到成品，每道工序靠经验组织生产，以“眼看、耳听、手摸”进行检验。烟台造钟厂成立后，建立了产品质量检测机构，编制了工艺规章。1961 年，采用国家 N1 型统一闹钟机芯组织生产。1964 年，淘汰 7 天机械报时摆钟，生产国家统一设计的 T1 型 15 天机械报时摆钟。产品按图纸组织生产，基本实现标准化、系列化、通用化、机械化。

1966 年，为了加强三线建设，烟台钟表厂军工车间迁往聊城，建立烟台钟表厂聊城分厂，后更名为山东省聊城手表厂。20 世纪 70 年代中期，相继成立威海造钟厂、青岛钟表厂、烟台手表厂、济南钟表厂以及钟表元件厂、钟表材料厂等。20 世纪 70 年代后期，进行“三大件”会战，引进先进技术和设备，至 1980 年，山东木钟产量达到 111.77 万只，居全国首位，闹钟产量 135 万只，手表产量 153.37 万只。

二、经典设计

北极星牌钟的设计目标十分清晰，虽然历经沧桑，但是始终注意沿用品牌自身的设计语言，发掘其历史内涵，同时大胆弘扬现代工业技术价值，并使之明确地反映在产品设计上。

1. 北极星牌 N1 型闹钟

北极星牌机械闹钟按照轻工业部 1959 年颁布的 N1 型统一机芯图纸组织生产。N1 型统一机芯闹钟分 17 个组件，机芯零件 87 个。机芯加工夹板零件的钻孔、铰孔部分采用自动化新工艺，工装加工采用线切割、光学磨新工艺。设计上依然沿着宝牌的传统风格发展，以对钟盘、钟体乃至把手、撑脚各个部位的“美化”为指导思想。机壳材料改为金属，同时保留了木雕的风范。虽然钟盘设计过于强调古韵，装饰纹样过多，使产品承载的信息稍显繁杂，但确实是一款承上启下的设计，在当时中国广阔的市场中获得了多数人的认可，而且这款设计为处于新老技术交替之时的中国消费者接受新的工业产品样式进行了很好的铺垫。

图 2–6 以装饰为指导思想的北极星牌 N1 型闹钟设计

2. 北极星牌15天机械报时摆钟

宝牌7天机械报时摆钟由烟台宝时造钟厂于1918年创产，20世纪30年代远销海外，1964年停产。1959年，改商标为北极星牌，此后生产15天机械报时摆钟。

北极星牌15天机械报时摆钟按轻工业部1964年编制的T1型统一机芯图纸组织生产，机芯按擒纵频率分为A型、B型、C型、D型。产品共有零部件119种、215个，总加工工序720道，其中机芯加工工序518道，外观加工工序164道，总装工序38道。北极星牌机械摆钟在部颁工艺的基础上结合自己的传统工艺特点，对擒纵叉采用镀硬铬工艺，增强了擒纵叉的耐磨性，因此形成了独特的风格。在设计上，北极星牌机械摆钟较过去宝牌摆钟做了不少简化，融合了欧洲座钟的一些造型理念，钟盘点位数字较大，易于识别。特别有意思的是在点位数字外围增加了分刻数字，当分钟指向该数字的时候人们能够简单明了地读出时间，这样的设计能够帮助文化程度不高的使用者方便使用，因此也获得了他们的青睐。

图2-7　印有分刻时间的表盘设计

与上述逻辑一致，产品立面的设计也以红色、金色这些中国农村市场消费者喜爱的元素为主。在下部的圆形设计中，为了覆盖钟摆特别设计了一副鸳鸯戏水图，使该产品成为婚庆活动中不可缺少的一件用品。

图 2–8　北极星牌 15 天机械报时摆钟在严格控制成本的情况下最大限度地保持了座钟必需的装饰元素

3. 北极星牌机械闹钟

北极星牌机械闹钟的设计尝试传达一种理性的、更单纯的产品功能概念：以蓝色为底色，里面的钟盘设计干净利落，立体的品牌标识图形和英文名称是唯一的装饰。这种小尺度的闹钟显而易见是与较现代的家庭气氛相适应的。该产品的设计受到了用于公共场合的北极星牌大型时鸣钟风格的影响，是一款较具工业性格的产品。

在上述产品的基础上，北极星牌还有一款同类产品在整体风格及用材方面与上述产品没有差异。不同之处在于使用了贝壳材料进行浮雕装饰。贝雕被认为是山东传统工艺的代表，设计师有意将其与现代工业产品结合起来，这不失为一种设计探索的行为。

图2-9　由于采用蓝色作为面板色彩，北极星牌闹钟给人以极其沉稳的视觉感受

图 2-10　装饰有贝雕的北极星牌闹钟

三、工艺技术

钟表工业所用原材料主要有木材、铜材、钢材、铝材、油漆、锡合金以及其他金属和化工原料。1915至1939年，生产木钟所需的铜材、钢材和铁板等主要依赖德国商人在烟台开办的盎斯洋行从德国进口，木材购自安东（现为丹东），漆片和火酒分别从英国和荷兰进口。1934年，钢材共需10.85万千克，总值16.28万元；钟发条共需21.76万条，价值11.97万元；黄铜棒、钢条和铁条总值4.76万元；木材、漆片、火酒总值6.58万元。年需制钟材料总值39.59万元。1939年，盎斯洋行撤走，原材料短缺。德顺兴等企业主要利用过去积存的下脚铜料重新加工成铜板，再从天津购进一部分钟弦，勉强维持生产。1950至1956年，所需原材料主要向国家购买。1956年后，纳入国家供应计划，由物资部门统一调拨，部分钢材依赖进口。1983年后，国家物资供应由指令性计划改为指导性计划，部分原材料靠市场调节。

机械摆钟所用木材在1982年前全部是国产椴木，木钟厂按国家计划到东北林业部门采购。1982年后，逐渐依靠进口。进口渠道一是国家按计划分配指标，二是用轻工业部拨给的外汇购买。1985年，90%的钟用木材是进口的，国家供应的木材占需用量的70%，余者靠市场调节。

1982年前，胶合板由国家供应，其后改为进口。1984年，因为南方气候变化影响国产胶合板供应，所以依靠进口印度漆片，价格由9 000元/吨提高到25 000元/吨。1982年前，铜材由轻工业部按计划定点在南京铜材厂采购。1982年后，改为主要指标由山东省轻工业厅日用机械工业公司管理，其余指标由烟台钟表工业公司控制。1985年，需用量为900吨，80%由烟台钟表材料厂供应，20%靠市场调节。1985年，钟用铝材需用量为150吨，计划内供应数为38.5吨，余者靠市场调节。

机械报时摆钟的早期生产形式和生产手段比较落后，既无图纸又无工艺文件，工人仅参照实物生产，每道工序的技术标准依靠经验完成，没有专职检验人员和较完善的检测仪器。从装配到调试，整个生产过程由1人独立完成，每个装配工人需准备38种工具才能工作。每人日装钟2~3只，每只成品机芯上都刻有装配者的号码，以便追查事故责任。1952年，编制了工艺文件，同时购置了检测工具，建立检测机构，配备专职检测人员。1964年，根据轻工业部T1型15天机械报时摆钟工艺文件和产品图纸，完成了试制和技术准备工作。1965年，车间工人正式按照工艺技术文件生产，检测人员依据工艺标准检测，生产基本走上正规化。1983年，轻工业部将T1型改为B1型。20世纪80年代生产的B1型15天机械报时摆钟的工艺更为先进和复杂。机芯部分有零部件119种、215个，总工序有720道。烟台北极星牌B1型15天和31天机械报时摆钟的生产工艺有两点与众不同：一是机芯销轮采用活销结构，在同样情况下与死销转动相比，提高了走时、报时的精度，延长了使用寿命。1983年通过省级技术鉴定后，活销转动工艺纳入部颁标准在全国执行。二是擒纵叉采用镀硬铬工艺，比不镀硬铬的擒纵叉延长使用寿命3～5倍，同时保证了走时的精度。

机械闹钟的初期生产形式和生产手段与机械摆钟相同。1961年初，严格按照图纸和工艺文件组织实施生产。N1型机械闹钟机芯共有17个组件、65个零件、431道工序。ZYT型机械男表于1975年12月试制成功并投产，全部采用部颁图纸和工艺文件。该表计有零部件99种、139个，其中自制件59种、71个，外购件40种、68个，工序9 060道（不包括外购件）。SZI型机械男表于1973年试制成功并投产，初期主要采用苏州和上海等地厂家的生产工艺，1980年后逐步对加工工艺和工艺流程进行多项改革。其中，切割工艺用钻石刀切割代替原来的碳化硅磨料，减轻了劳动强度，改善了卫生条件；用快速激光打孔机取代30轴钻孔机，提高工效28倍；外圆加工工艺用自动内基磨代替弓架式无心磨，提高工效80倍；用12头刷抛机代替单头刷抛机，提高工效近30倍，质量也明显提高。

四、品牌记忆

《烟台晚报》2008年11月3日曾有题为《北极星闹钟，恪守岗位的“铁公鸡”》的专题报道，文章内容如下。

“我家至今还用着一只生产于20世纪70年代的‘北极星’牌闹钟，30年过去了，可它每天早晨分秒不差地把我从睡梦中叫醒。”这是在牟平区博物馆工作的孙珩滔先生对记者的讲述。

“1979 年，我上学了，由于学校对作息时间要求得很严格，父母又经常上夜班，我便经常在妈妈面前嘟囔着买只闹钟。”孙先生说。他记得在一次上学迟到挨尅后，就借此回家耍了脾气。后来，妈妈一狠心，跑到百货大楼买回一只“北极星”牌闹钟。闹钟买回来的那一天，他特别高兴，当晚还就此事特地写了一篇日记，然后搂着闹钟美滋滋地睡到天亮。从那时起，他每天都要擦拭这只崭新的闹钟，定时给它上弦。当时几个要好的同学放学后，总要与他结伴同行，目的是要到他家里看看钟点一饱眼福。“当时可自豪了，总是对外人炫耀自己有闹钟了。”

时过境迁。20 世纪 80 年代初，孙先生的家搬进了新楼房，妈妈给他买了一只颜色鲜艳的闹钟，可他还是喜欢第一只，仍将它放在书桌上。结婚后，这只闹钟又跟着他到了新家，后来又成了儿子的宝贝，还帮儿子改掉了磨蹭的坏习惯。每天早晨，还是这只闹钟首先把全家人从睡梦中叫醒，有条不紊地开始新一天的工作。

孙先生说，如今，家里的计时工具虽然多了起来，普通的、豪华的都有，可他还是觉得这只外观已经落伍的闹钟最为实用，感情也最深。“这只闹钟转了多少圈，已无法计算，但它分分秒秒地见证了改革开放三十年来的沧桑巨变……”想着这些年来生活中的变化，孙先生不由地发出感慨。

五、系列产品

1. 北极星牌 104 型船用钟

该款产品是烟台钟表厂于 1960 年开始试制的，1963 年通过轻工业部鉴定投产。1966 年，转由聊城手表厂生产。1985 年，获轻工业部优质产品称号。

2. 北极星牌 15 天机械报时摆钟

该款产品 1964 年按照国家统一机芯组织生产，是国家名牌产品。1979 年获轻工业部优质产品证书，1979 年、1983 年两次获国家优质产品银奖，1980 年获国家著名商标证书，1983 年获国家外贸部出口产品荣誉证书。该钟有 7 类、80 余个花色品种。

图 2-11　北极星牌 15 天机械报时摆钟

3. 北极星牌石英音乐报时落地钟

该款产品是 1984 年开发的新产品。它在石英电子机芯的基础上，增加了一套音乐报时控制及功率放大系统，分 4 次将乐曲演奏一遍，演奏完毕即正点报时。

图 2-12　北极星牌石英音乐报时落地钟

除上述产品之外，1980 年开发了显示周历、日历的双历挂钟；1984 年推出重锤式单走时拉链钟、多功能塔钟。烟台木钟厂相继开发了 31 天机械报时摆钟、大中型民用落地钟及各类型的技术用钟。其中，北极星牌 31 天机械报时摆钟于 1983 年获轻工业部优秀新产品奖。北极星牌 Z3F 重锤式落地钟是 1983 年开发的大型机械落地钟，产品以重锤势能为动力，具有四音阶报时、五音阶报刻等功能，每提拉一次可连续走时 8 天，日偏差绝对值不大于 15 秒，报时、报刻误差不大于 30 秒，1985 年获轻工业部优秀新产品一等奖。

4. 北极星牌石英音乐报时大型塔钟

北极星钟表公司是国内唯一获授权生产北极星牌建筑塔钟、大面钟、花坛钟、世界时钟、数显钟、体育比赛计时钟、站台钟、广场街面风景钟、大区域子母钟同步系统等特殊用钟许可的公司。曾经承建的重点工程包括北京西站、秦山核电站、首都国际机场大区域子母钟同步系统，济南泉城广场花坛钟，中央美术学院、香港恒基中心塔钟，西安城运会体育比赛计时钟等；国际工程包括巴西首都广场、缅甸禁毒馆、蒙古首都乌兰巴托火车站塔钟工程，伊朗阿拉克电厂及叙利亚电厂微机控制子母钟同步系统等。

图 2-13 北京西站广场钟

第二节　三五牌钟

一、历史背景

1940 年，毛式唐、钟才章、阮顺发等人在上海肇嘉浜路 608 号钟才记营造厂厂址上设厂，定名为中国钟厂，开始了制造和设计的实践。他们购置机器设备，聘用了四十多名工人，正式开工生产并采用 555 为产品商标，定名为三五牌 15 天时钟。

中国钟厂在初创时，品种单一，产量较低，日产量只有三十余只。后来，品种发展到有 5.5 寸、8.5 寸、10 寸各式长挂钟以及山形台钟等。中国钟厂的创建与发展使国产时钟提高到一个崭新的水平，同时也使上海成为我国时钟制造的一个集中产地。

1954 年，中国钟厂、上海钟厂首批实行公私合营，文华钟厂、仁泰机器厂、顺兴

图 2–14　新中国成立初期生产的“全盘”版三五牌座钟

图 2–15　三五牌 15 天时钟的宣传广告把产品特点明白无误地传达给市场

图 2-16　中国钟厂用于生产座钟的生产车间

螺丝帽厂、泰昌电镀厂以及钟才记木壳厂先后并入中国钟厂。

中国钟厂凭借传统的技术优势不断地提高工艺技术水准，改进产品品质，形成15 天、31 天机械钟，石英电子钟和工业用钟三大系列，以及台钟、挂钟、座挂两用钟、日历钟、垂直摆钟、落地大钟、单功能和多功能石英电子钟等十多个品种、五十多种款式，此外还有子母钟、塔钟、电站同波钟、船用钟等。

1982 年，三五牌台钟年产达 44 万台，创历史最高纪录。1983 年，三五牌木钟在全国木钟评比会上被评为第一名，并荣获国家银质奖。

二、经典设计

在设计三五牌台钟时，设计师阮顺发先生强烈地意识到，对于普通家庭而言，这将会是一件与主人近距离日夜相伴的重要产品，因此他在产品的视觉形象设计方面颇费工夫。在设计过程中形成的“整体、精致、细腻”一直是三五牌产品设计的特色，也成为这一品牌工业设计价值的核心。同时，在设计过程中不能忘记的是对市场份额及利润的追求。

在 20 世纪 50 年代公私合营后，三五牌台钟继承了之前的山形台钟的设计风格：横长为 30 cm，拱形最高处为 22 cm，采用 5.5 寸钟面，以此作为一款标准化的产品。除此之外，钟面还有 8.5 寸及 10 寸等规格，配合各式钟壳。

钟壳由平直表面和曲面组成，造型干净利落，简洁耐看。曲面形状的壳体既能容纳机芯，同时也能形成良好的共鸣“音箱”，产生“余音绕梁”的效果。

图 2–17　三五牌台钟的外壳设计具有明确的设计语言

图 2–18　三五牌台钟的机芯设计

钟盘盖由抛光玻璃面组成，增强了产品的饱满感。早期产品的钟盘为“满盘”，即钟盘以标准规格铸成。后期产品为了节约原材料，降低成本，将钟盘中心掏空，俗称“半盘”。半盘钟面上的掏空处印有“555”和“十五天”的图案以及两个左右对称、用于上发条的孔洞。

图 2–19　“满盘”钟面

图 2–20　“半盘”钟面

三五牌台钟在钟盘面的数字设计上考虑到居家老人使用的实际情况，每一个数字设计高度达 12 mm，并且 12 个钟点数字完全用黑色标出。由于黑白对比分明，因此大大降低了误读的可能性。台钟的时针和分针样式统一，采用实心尖叶形设计，

图 2-21　指针和钟点设计

简单又不呆板，而长短不同的设计更便于识别。

20 世纪 50 年代末至 60 年代初，三五牌台钟钟壳的两侧出现了两条连续的唐草纹样装饰，使产品更具中西合璧的“风韵”。后期因为受到功能主义思想的影响，并考虑到降低成本等因素而将纹样简化，出现了风琴、几何等纹样。再后来有些产品干脆直接去掉了装饰纹样。

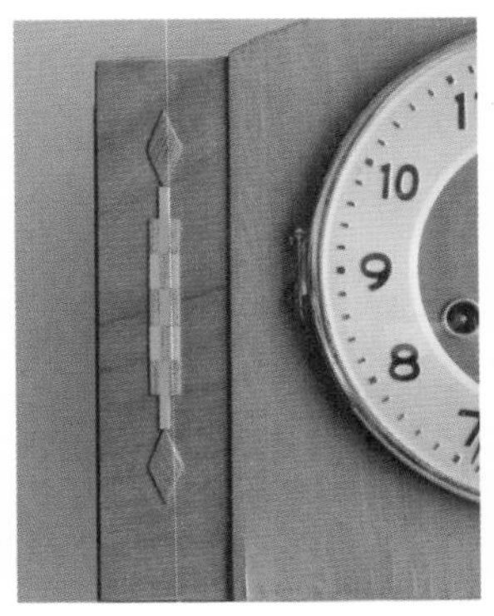

图 2-22　侧面装饰纹样由繁至简，实际上降低了产品的品质

在材质方面，三五牌台钟的钟壳采用木材，钟盘采用铝材，玻璃钟盘盖周边用化学镀金银包边，闪光的材料与沉稳的材料形成了鲜明的对比。

在颜色方面，三五牌台钟的设计运用了各种材质的自然色彩——木壳黄搭配黑与白——显得古朴大方、优雅而不失现代感。这种色彩搭配在老百姓心中留下了难以磨灭的印象，提起三五牌台钟，大家的脑海里就会呈现出黄色的山形式样。

“555”标识最初的设计者是三五牌台钟的发明人阮顺发先生。20 世纪 50 年代，中国钟厂公私合营后，在钟壳顶部装饰了一个专门为公私合营而特别设计的标识，这是为了纪念 1957 年上海实现全行业公私合营而特别贴上的纪念商标，因而也使这款三五牌台钟成为值得珍藏的纪念版产品。

图 2-23　有公私合营品牌图形的产品，是其纪念版的标识

打开三五牌台钟的后盖，可以看到产品使用说明书。这份说明书也是经过精心设计的，上方是“555”标识，底部印有“公私合营中国钟表制造厂股份有限公司”。之后的三五牌产品的后盖上去掉了产品使用说明书，只用于放置发条钥匙，而说明书直接藏于钟壳内。这样的设计既不影响正常使用，又易于保管发条钥匙。

图 2-24　早期贴有产品使用说明书的设计

图 2-25　后期产品后盖上仅保留放发条钥匙的结构

三、工艺技术

1.“死摆”改为“活摆”

1940 年以前，国内外制造的摆钟不论挂钟、台钟都需手工调节引摆杆（即擒纵叉的工作角度），被称为“死摆”。这种钟对安放位置的要求特别高，偏斜 2° 时就会停摆。1940 年，中国钟厂的工程师阮顺发在设计三五牌摆钟时，经过悉心研究，将引摆杆与空心套管座连合在一起，靠一个三角形钢丝弹簧的压力，使擒纵叉与引摆杆配合在一起。在三角形压簧的作用下，当产生偏摆现象时，能自动调整使“摆”始终处于垂直状态，即使钟的安放歪斜到摆陀接近钟壳，只要通过“摆”的惯性冲击就能自动调整摆陀的垂直度，不至于发生停摆，因此摆脱了手工调节。这种“活摆”结构的三五牌摆钟具有“挂歪摆歪，虽歪不停”的独特优点。这是我国制钟技术上具有独创性的重大突破。

2. 自动调节打点

1940 年以前，我国制造的各类摆钟都采用渐进式打点机构，不能自动调节，只能用手顺着时针拨，并且必须按一个钟头一个钟头顺拨，一经倒拨就要轧刹、乱敲点。1940 年，阮顺发设计出自动打点跟踪机构，将 12 只角凸轮和扇形齿装在时针上，使时针无论顺拨还是倒拨到任何一个位置，12 只角凸轮和扇形齿都会跟踪到一定的位置，这样可以保证在任何情况下都不会乱敲点。采用这种设计可以根据需要自由拨动和调整时间，不影响走时系统的内在关系，这是当时三五牌摆钟具有的“倒拨顺拨，一拨就准”的独特优点。

3. 延长走时天数

1940 年以前，我国时钟市场上主要销售的是德国 J 牌 14 天钟和日本宝时牌 8 天钟。1940 年，阮顺发采用数根钢丝销子构成的形如鸟笼的齿轮替代轴齿，使走时延长到 15 天。1941 年 1 月，阮顺发运用留声机的工作原理，重新设计了风轮翼，以机械摩擦使风轮速度减慢，从而使打点报时速度均匀。这一机构既简单又节省能耗，所以使走时延长到 18 天。1944 年，阮顺发改进走时机构，精制轴芯、轴套，提高光度，从而使走时延长到 21 天。1964 年，该厂科技人员加长了发条尺寸，并运用手表加工工艺原理，推行夹板小孔修正、轴颈抛光研磨、精冲轮齿、提高孔轴光洁度、引摆杆以铝合金制件代替铁制件，节省了能耗，使开一次发条可连续走时 31 天以上。

4. 提高走时精度

1940 年初，阮顺发运用高精度天文钟的后退式擒纵机构，将摆钟原来顺齿运行的擒纵轮改为逆向运行。改进后，摆钟的走时精度由日误差 40 秒减小到 20 秒。1960 年，摆钟统一机芯设计成功，零件全部实行按图生产。同时，工厂对如下方面做了统一规定：光洁度为▽6、▽7，原材料采购的牌号、性质和规格以及零部件加工精度为 3A 级。以上所有这些工作使摆钟的走时精度进一步提高，日误差由 20 秒减小到 12 秒。此后，由于运用了手表夹板小孔修正等技术，提高了零部件的加工精度，因此日误差又从 12 秒减小到 1 秒以内。

四、品牌记忆

1. 三五牌名称的内涵

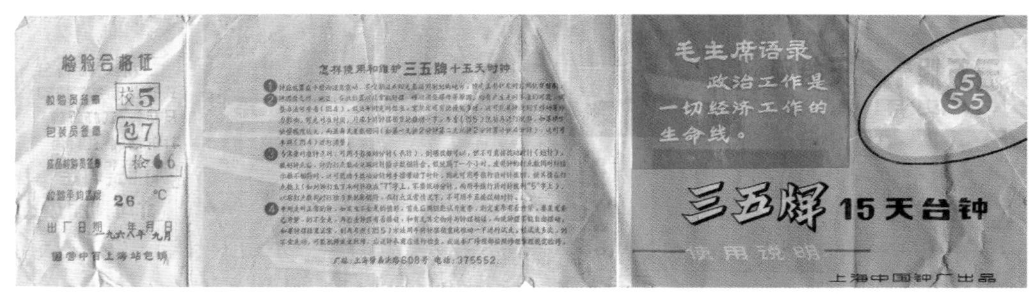

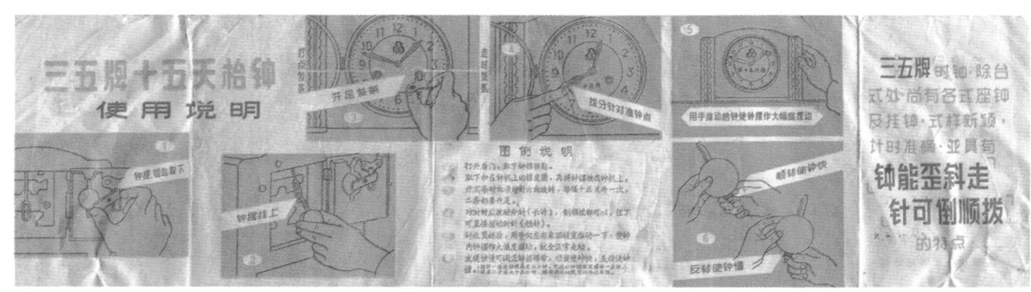

图 2-26　印有“钟能歪斜走，针可倒顺拨”的使用说明书

中国钟厂为了提高产品质量，在机件结构方面大胆改革，例如，制造出鸟笼式齿轮和光洁度更高的轴芯，减小了机体运行时的摩擦，从而使走时更准确，延长了产品的使用寿命；首创了自动式擒纵机构和打点自动跟踪机构，使长针既可以顺拨又可以倒拨，只要不带动短针，就能自由调整时间；设计制作了活摆机构，使摆锤不受歪斜的影响，即使时钟歪挂斜放，也能保证不停摆。综合上述性能和特点，中国钟厂在当时采用了“555”为产品商标：一方面表示走时长（3×5=15），能保证走时 15 天以上；另一方面表示精度高，15 天累计误差不超过 5 分钟。

2. 设计师简介

阮顺发，曾用名阮盛福，1897 年生，浙江奉化人。8 岁进上海虹口密勒路基督书院读书，喜爱画图，15 岁辍学。1912 年，到耶松船厂打样间当练习生，为了学到技术去车间拜师学艺，努力学会了车、钳、刨的操作技术，2 年后进祥生船厂做车工。1927 年，进周彩道机器厂做打样工。1934 年，进中华教育用具制造厂工作。

其间，他不满国内时钟市场被日本、德国洋钟所垄断，遂生自造时钟之念。他从旧货摊上淘来一只旧闹钟，研究改装成有月、日、星期、时辰钟（又称八用钟）。

1940 年 1 月，阮顺发被聘为中国钟厂工程师，他悉心研究日本宝时牌 8 天钟和德国 J 牌 14 天钟的机构，创造出具有活套弹簧装置的“活摆”机构，可以连续走时 15 天，具有“挂歪摆歪虽歪不停，倒拨顺拨一拨就准”的独特功能，在竞争激烈的时钟市场上独树一帜，并以他设计的 3 个“5”字图案定名为三五牌时钟。

五、系列产品

1.“喜上眉梢”三五牌台钟

20 世纪 60 年代初，考虑到农村市场的需求，三五牌台钟曾经推出过一系列以“双龙戏珠”等传统题材设计的产品，“喜上眉梢”便是这一系列题材的中后期产品。

图 2–27 “喜上眉梢”三五牌台钟

台钟钟座采用浮雕形式，钟盘盖玻璃外框采用镀金工艺。由于质量过关，装饰及造型都十分漂亮，因此这一产品深受农村消费者的喜爱，销路很好。

2. 三五牌挂钟

三五牌挂钟沿用了台钟的所有工艺技术，在设计方面注重塑造典雅、豪华的风格。

图 2–28 三五牌座钟和挂钟丰富了产品线，特别是满足了客户在室内装饰方面的需求

3. 三五牌立钟

三五牌立钟是系列产品中体量最大的，其设计不以追求复古感来塑造高端产品形象。在设计过程中，设计师引入了几何图案，以考虑钟盘、钟摆、钟座等各部位的美学比例为基点，平和而又精致地塑造了各个部分的造型。

图 2-29　作为一款高端产品，三五牌立钟在尽可能减少用料的基础上对产品表面进行了最大程度的设计。该款产品在投放市场后受到了知识分子与政府机关的青睐

第三节　钻石牌钟表

一、历史背景

1932 年 7 月，顾海珍在唐山路开设了上海第一家钟厂——德安时钟制造厂。工厂在淞沪会战中遭毁后重建，更名为金声工业社。1938 年 7 月，金声工业社成为上海首家生产闹钟的工厂，日产 30~40 只，以钻石牌为商标，产品曾远销东南亚一带。1939 年，昌明钟厂开始生产昌明牌单铃闹钟。1939 年 7 月，金声工业社更名为金声工业股份有限公司，除闹钟外，还生产电钟、挂钟等产品以适应市场的不同需求。

1946 年至 1947 年，上海远东钟厂和时民钟厂分别生产火车头牌闹钟和马蹄牌闹钟。1949 年，上海市 4 家闹钟制造厂总产量为 30 952 只。当时，闹钟在农村、工厂、部队和家庭被广泛使用，因此生产得到了空前的发展。1952 年，上海市闹钟总产量为 7.05 万只。1957 年，上海市闹钟总产量增至 120.42 万只。1958 年，大光明钟厂开始生产长三针背铃闹钟，日产 850 只。1958 年 9 月，上海远东钟厂成功研制能播放《采茶扑蝶》的长三针音乐闹钟。此后，上海钟厂开发全国第一只长三针 N1 型统一机芯闹钟，每昼夜走时误差正负不超过 1 分钟。1960 年，生产 191.05 万只，占全市闹钟产量 44.99%。1959 年，大光明钟厂研制成功 8 天 15 钻细马机械闹钟。1964 年，倍高钟厂研制开发 8 天 15 钻日历闹钟，后又研制 1 天 15 钻旅行闹钟。1965 年，昌明钟厂研制 1 天 3 钻旅行闹钟。1964 年，上海钟厂开发二重闹小闹钟、鸡身活动体闹钟，此后开发双动乒乓、熊猫、米老鼠、杂技、猫头鹰、金鱼等形象闹钟，形成活动体产品系列。1974 年，上海钟厂首创有日历显示的闹钟。1979 年，上海钟厂研制开发 7 天走时累计误差 4 分钟的细马闹钟。1981 年，上海钟厂开发有日历、周历

图 2–30　款式多样的钻石牌闹钟

显示的闹钟。1987 年 10 月，钻石牌机械闹钟荣获国家银质奖。到 1990 年全上海累计出口闹钟 5 200 万只，创汇 1.52 亿美元。

二、经典设计

钻石牌钟表的设计一直以简练的现代风格著称，这与其设计制造需要精确计时的秒表产品的经历有关。这种产品设计强调功能性，讲究产品的功能解读和使用的逻辑性，其附加值的追求来源于对材质个性的把握和对加工工艺的应用。更形象点说，钻石牌钟表的设计性格是“工程师”式的而不是“艺术家”式的。

1. 钻石牌多功能闹钟

钟在日常生活中不仅是计时器，还是陪伴人们生活的、有生命力的产品。基于这样的理念，钻石牌推出了一系列产品，其中的多功能设计是最引人注目的。

具有闹钟与收音机两种功能的产品的巧妙之处在于闹钟的铃声是通过收音机的扬声器播放的。从整体布局来看，“钟”还是设计的主体，占据了产品的大部分面积。上半部分浅色区域中的两个扬声器分置两边，钟的透明光洁的玻璃表面与扬声器的

图 2–31　钻石牌多功能闹钟

粗糙质感的织物表面相互呼应，而钟盘上 3 点及 9 点的刻度的特殊设计加强了横向视觉的引导，打造了视觉上的节奏感。下半部分深色区域所占的面积比较少，但仍是对称的设计，在逻辑上与浅色区域保持一致，而且依然是横向的视觉引导。产品侧面有一个拨键，可作为功能选择使用，分别为“收音”“报时”“无声”。

具有闹钟、日历、温度计三种功能的产品延续了品牌的设计要素，在 3 点及 9 点的刻度设计方面沿用了上述产品的视觉引导，而且在产品整体外观尺度上也同样采用了接近 1:2 的比例。

考虑到要突出日历功能，因此钟盘的点刻度设计方面除了 12 点之外均未使用数字，仅用直线加一个小圆点表示。6 点位置显示月份，而分刻度置于内圈的设计在当时也实属少见，但却造就了钟盘面的造型与钻石品牌图形中钻石的发光感觉极为近似的形态，从中可见设计师的精巧用心。钟盘的底面与温度计的底面均采用蓝色，具有深邃的时空感。“中国 · 上海”中英文字样精致地置于底面之上，与品牌标识和金属包边共同打造了产品的未来感。

图 2–32　带有温度计的钻石牌闹钟

多功能产品的设计具有与生俱来的“陷阱”，虽然不容易成功，但是中国消费者大多偏爱这类产品。这就要求设计师不仅能够精心设置使用功能，避免杂乱，而且更需要技术方面的集成和兼顾，所以找到能够将各种功能统一起来的设计语言至关重要。试想，如果将上述两种产品的表盘设计相互置换则必然不合适，因为钟、日历、温度都是数字表现形式，会造成一定程度的视觉混乱。因此对于多功能钟而言，能实现功能使用是最基本的设计，而能协调好各个功能才是最成功的设计。

2. 钻石牌秒表

秒表与手表不同，这类产品更多地用于科研、军事、航空航天等领域，此外还可以在体育运动中记录速度使用。严格来讲，这是属于仪表一类的产品，因此设计的风格是次要的，能够方便使用者正确判读才是最主要的。设计服从于判读逻辑是这类产品设计需要解决的首要问题。

在第二次世界大战期间，为了解决战斗机的仪表设计问题，美军成立了一个实验室，组织专家对各种形式的仪表进行判读实验，涉及数字的大小设计、指针移动的方式设计、表盘的色彩对比度设计等许多方面，目标是提高仪表的判读正确率，让空军飞行员在最短的时间内能做出正确的判读，这样就能保证正确操作战机，减少因误判而带来的操作失误导致的损失。这种研究开创了一门新的学科——人机工程学，目的是形成“人”与“产品”之间良好的互动关系，方便人类使用产品，让产品设计更好地符合人类的使用规律及特性。

钻石牌秒表的成功设计得益于工厂历史悠久的制造实践与市场开拓经验的积累。1959 年 3 月，上海金声制钟厂试制成功机械秒表并开创了具有钻石品质的设计风格。

秒表的直径尺寸取决于人使用的方法，更具体地讲是手握秒表的舒适度。钻石牌秒表的直径为 55 mm，这是比较适合手握的尺度。秒表的整体设计也极其严谨，表盘为白色，刻度为黑色，从正面看金属外壳只能见到一条很细的边线。这种设计使标准表盘具有足够大的尺寸，能够承载足够多的信息，并且提升了秒表的精密感。

图 2–33　钻石牌秒表

图 2–34　工人技能竞赛计时，裁判员使用的钻石牌秒表

从秒表的细部设计来看：刻度字体为等线体；颜色的强烈对比和毫无装饰元素的字体可以保证使用者能够清晰、正确地判读数据；重要刻度使用了放大的数字；发条旋钮略粗，加上铣出的直线，让手指有了很好的着力点。在使用产品时，使用者首先关注到“计秒”，其次，因为具备了双针功能，所以使用者还可以关注到“计分”，而最后关注的是位于次要位置的产品品牌标识。

图 2–35　直径 55 mm 的钻石牌秒表由成年人使用的话正好可以用半个手掌牢牢控制，可以在多种场合使用

3. 钻石牌手表

基于产品品牌设计思路的延续，从整体设计来看，钻石牌手表也体现出了强烈的功能美学特征。产品外观采用鲍鱼形状的造型，点位刻度长短划一，造型一致。从细部设计来看，点位刻度、指针和作为品牌标识的钻石图形均通过精心的设计营造了强烈的立体感，体现了三维空间设计的意识，这使产品自诞生之日起就具有了独一无二的个性。这种品牌特征在之后的款式中被一直保留着，成为品牌的设计语言，也或多或少地被国内其他品牌借鉴，形成了这一时期中国手表设计的基本风格。钻石牌手表的品牌标识名称响亮，具有质感，而钻石的造型配以发光的线条也让人印象深刻。

图 2–36　钻石牌 151 型手表正面

图 2–37　钻石牌 151 型手表后盖的钢印图形设计

钻石牌 152 型手表是 151 型的后续产品，其在保持前期产品设计风格的同时，在表盘设计方面进行了新的尝试——利用新开发的印刷技术在表盘上印刷各种图形，以便丰富产品的种类。此外，钻石牌手表在女表设计方面进一步追求优雅的感觉，减弱由男表形成的钻石牌产品刚毅、理性的风格，使之更适合女性消费者使用。

图 2–38　钻石牌 152 型手表正面

图 2–39　钻石牌 152 型手表后盖的钢印图形设计

三、工艺技术

1969 年，采用偏中心结构的 SMIA 型钻石牌机械手表在上海秒表厂诞生。所谓“偏中心结构”是相对于中心结构而言的，后者由处在机芯中心的齿轮联动相关部件，故得名中心结构，而前者是由处在偏中心位置的条盒轮联动相关部件，因而得名偏中心结构。这种结构的优点是可以省略一块中夹板，因而可以减小手表的厚度。国产手表大多数不采用这种机芯，只有钻石牌不断坚持探索，工厂在表壳加工技术与工艺控制方面也做出了努力。

手表表壳产量大并且质量要求严格，因此表壳生产涉及的成型工艺、材料切削性能和抛光性能均对材料提出了较高的要求。

国内表壳生产多采用热加工成型工艺，但工厂在研究常规工艺存在的问题之后，决定采用更先进的冷挤压新工艺。国内常规工艺的问题分析以及国外新工艺的要点如下。

碳含量要求：在热加工时，碳化物在温度 450℃ ~900℃ 范围内析出。碳化物的析出对晶间腐蚀敏感性产生了影响，使防锈性能有所下降。因此，一般表壳用不锈钢为了防止碳化物析出，含碳量为 0.08% 以下，一般在 0.05% 左右。

杂质含量要求：18–8 型不锈钢为了防止碳化铬析出对晶间腐蚀敏感性产生影响会加入少量碳化物形成碳化钛。这对于表壳用不锈钢来讲绝对有害，它会使表壳的抛光性能变坏，导致出现大量的白点和麻坑。除元素钛外，铌、铝等杂质元素也会使抛光性能变坏，而且钛、铌、铝等元素在热加工时析出硬化，给切削加工造成困难。一般钛含量要求 > 0.025%。

固熔处理：由于上述原因，表壳在热加工成型后必须经过固熔处理，以便消除晶间腐蚀的敏感性，提高防锈性能，消除由于析出硬化给切削和抛光加工带来的困难。但是固熔处理也会给表壳带来不利影响，它会使不锈钢奥氏体晶粒长大，导致硬度及切削性能下降，因此表壳成品的表面硬度较低，易于擦毛、划伤。

国外广泛采用的是冷挤压工艺生产表壳。这种工艺要求材料塑性大，因此对材料的机械性能和显微组织均提出了要求，同时对化学成分的要求也相当严格。

含碳量要求：由于要求材料塑性大，并且在冷成型工序中要进行高温软化处理，因此为了防止碳化物析出需要将材料含碳量保持在低碳和超低碳含量范围内。

杂质含量要求：采用冷挤压工艺生产的表壳所使用的不锈钢中，硫和锰的含量一般是 18-8 型不锈钢正常含量的上限或超过一点。硫是以硫化锰的状态存在的。硫化锰的塑性较好，这对冷挤压工艺没有不利的影响，在抛光时不易脱落。在切削时，硫化锰发挥了断屑和润滑的作用，防止了切削刀瘤的产生，从而提高了材料的切削性能并延长了刀具的使用寿命。

热处理：冷挤压表壳成型后，毛坯需在 250℃ ~400℃的条件下加温 1~2 小时，以便消除毛坯内应力，保持冷挤压后的较高硬度。这样有利于之后的切削加工和抛光，可以使表壳表面不易擦毛、划伤，易保持美观、光亮、清洁。

比普通闹钟更为精密的 8 天 15 钻细马机械闹钟，最早是由上海大光明钟厂于 1959 年试制成功的。这是继全国第一只 N1 型统一机芯闹钟后的又一大技术突破。钻石牌闹钟于 1974 年之后又设计开发了日历以及日历与周历同时显示的闹钟，后期还增加了机电或数字显示器。钻石牌闹钟在设计日期翻板器时采用翻板式数字显示：数字是分成两半装配的，一种是在翻板时绕一个水平轴（分钟轴和时针轴）旋转，另一种是在交换数字时绕一个垂直轴旋转。

图 2-40 是翻板式数字显示的实例，图 2-41 是水平旋转轴。该轴由驱动装置带动，夹紧装置与驱动装置形成机械耦合或电耦合，用于落下数字板。

图 2-40　闹钟翻板原理图

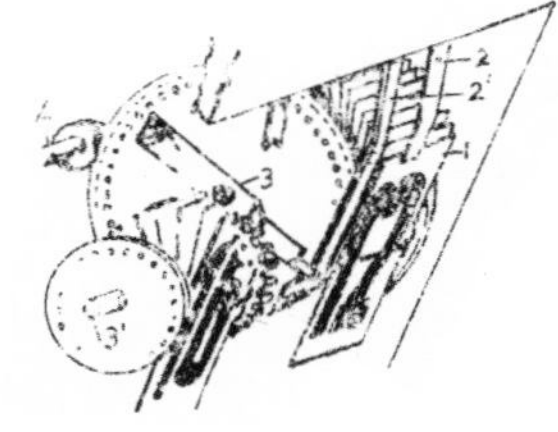

图 2-41　数字滚筒使数字板耦合落下

四、品牌记忆

本书作者之一沈榆在报考上海市工艺美术学校前夕，遵从美术指导老师的意见，在台面上放一个闹钟，设定的时间完全按照考试要求，用于分别检验素描、色彩和图案作业能否在规定的时间内完成。如下是他的回忆。

在临考试的前一天，父亲将手上戴的一块9成新的钻石牌手表摘了下来交到我手上，也没说什么话。第二天一早我便准备好画具，骑自行车赴复兴中路上的上海机械专科学校（现上海理工大学）考场。那年的录取比例是10:1，最后录取的装潢班和造型班总共为40人，据此推算应有400余人报考，这个场面在今天来看太正常不过了，但在当年设计专业稀少的年代还是显得比较壮观的。

两天的考试是钻石牌手表伴我度过的，一直等考完回家都没有想把手表拿下来还给父亲。最后是父亲忍不住要求，我才将表还给他了。

收到录取通知书后，在指定日期赴学校报道。学校是住读，父亲为我准备了一只大箱子，最令我惊喜的是父亲将这块钻石牌手表送到了我的手上，这时我明白这块表归我了。

在三年的学习时光里，我每周六回家一次，记得父亲换了一块旧手表（品牌记不清了），好像他还多次朝我手上的钻石牌手表看了几眼。他是一个很勤俭的人，但又十分喜欢"玩"工业产品。听母亲讲，他在向明中学工作，学校有一辆小型三轮货车，他看到后会请教司机，并很快在操场上开起来。钻石牌手表是他下了很大决心才买的，一直称赞表走得准，样子好看。

留在工艺美校任教后，依然是这块表陪伴我上下班。1986年，我第一次赴湘西张家界、凤凰写生就戴着这块表。后来，我考进无锡轻工业学院（现江南大学），到贵州、东南地区、黄河流域和江南小镇等地考察时也是戴的这块表。最有意思的是在1991年工业设计学科多国研讨会上发表论文时，我也是靠这块表控制发言时间的……一直到拥有手机，可以在手机上看时间了，我才将这块表收起，最终将它放在了上海工业设计博物馆内。说来也怪，自从钻石牌手表"退伍"后，偶尔也戴过其他品牌的手表，但似乎都无缘，短暂使用后都会被“冷落”，不能忘记的唯有刻下青春记忆的钻石牌手表。

五、系列产品

1.SB5Z 型女表

1984 年 10 月，上海手表四厂设计出 19.4 mm SB5Z 型国内机芯最薄的机械女表。虽然这一型号代表着当时国内最高的工艺水准，但是对于改革开放后消费观念日新月异的中国人来说，“薄”已不是主要的考虑因素，更前卫的产品造型显然可以弥补不同产品间 1 ~ 2 mm 的厚度差距。因为该产品的推出时间正是外国品牌手表开始涌入中国市场的时期，所以 SB5Z 型女表销售惨淡。

图 2–42　SB5Z 型女表

2.GD 系列石英钟

1983 年，上海钟厂开发的 GD、GC、GB 型钻石牌石英钟系列具有闹、吊、扭摆、音乐报刻、报时多种功能。该款石英钟一改之前国内石英钟粗重沉稳的形象，采用配合功能设计的鲜活造型（动物和植物等），因此该款产品在当时深受消费者的喜爱。

第四节　海鸥牌手表

一、历史背景

1953 年，天津市各私营钟表商店职工在工会领导的推动下，与私方经理协商投资方向事宜。天津怡威表店经理吴汉臣、吴宗绪与工会负责人张书文协商一致，由该店出资与公私合营的华威钟厂共同研制手表。1954 年底，在华威钟厂的二楼成立了以公方厂长杨可能、张吉升为组长的手表试制小组，由王慈民（华威钟厂工人）、张书文（怡威表店职工）、江正银（亨得利表店职工）、孙文俊（育华五金工具厂工人）四位师傅进行手表的研制。

中国的第一只手表就是由这几位师傅研制成功的。这只手表（五星牌）参照的是瑞士森达克（SINDACO）15 钻三针粗马手表。四位师傅参照该表的样子逐个零件进行打磨加工，于 1955 年 3 月 24 日加工出了“五星表”。因为这只表打破了“中国无表”的局面，毛泽东批准设立“天津手表厂”，也就是新中国第一家国营手表厂，其产品被命名为东风牌，由于质量可靠，该表享有“东风万里”的美誉。

1975 年，东风牌手表以“海鸥牌”出口，也就是说，外贸市场对于中国手表业的认识是由“海鸥牌”开始的。天津手表厂在 1975 年三八节前出产了 ST6 型海鸥牌女表，到 1977 年，天津手表厂年产手表 100 多万只，职工人数 3 238 人，已成为以 ST5 型男表系列和 ST6 型女表系列为主要产品的综合性手表生产厂家。

1990 年，海鸥牌 ST11 型指针式石英电子表在第 62 届波兹南国际钟表博览会上荣获金奖，这也是我国手表产品在国际博览会上获得的第一个金奖。

图 2-43　海鸥牌 ST7 型手表

1993 年，以天津手表厂为主体的天津海鸥手表集团公司宣告成立，其下属企业共 23 家。随着国有企业改制的不断深入，2002 年 3 月，天津中鸥表业集团有限公司应运而生，它是海鸥手表集团通过资产重组、体制改革、多元化投资组建的专门从事自动机械手表和精密机械制造及加工的有限责任公司。2006 年，天津中鸥表业集团“海鸥”商标被评为“中华老字号”。

海鸥表不是以日本或瑞士机芯进行组装，而是注重自主创新，以自主核心技术支撑机芯制造，以自主机芯支撑品牌发展。2005 年，推出具有动力储存和日历显示的陀飞轮手表。2007 年 4 月，三问表、双陀飞轮表亮相瑞士巴塞尔钟表展，震惊国际表坛。2007 年底，ST2590 型万年历机械表也成功问世，海鸥牌同时掌握了世界三大经典手表制造技术。

二、经典设计

1. 东风牌手表

从产品创制设计序列来看，五一牌手表源于更早的五星牌产品，虽然之后更名为东风牌，但是设计风格全部延续了下来。产品设计在东风牌时代逐步走向成熟，当出口销售时，直接更换为海鸥牌商标即可，虽然品牌不同，但两者其实是同一款产品。

早年的东风牌在设计方面采用的是不折不扣的现代主义风格：点位用凸起的长方体表示，12 个点位的造型相同；秒位用短直线表示，印刷在表盘上，配以长三针；“东风”两字取自毛泽东书法体，配以银白色的表盘，无任何装饰；表壳边缘弧线与表盘相切并向外延伸，使产品整体呈现出饱满的形态，俗称“鲍鱼壳”。

整个产品让人印象最深的是秒针上的“红点”装饰。在一片金属本色之中，一颗如此转动的“红宝石”使产品有了点睛之笔。从运用材质营造视觉节奏的角度来看，外壳、12 个点位及长三针呈现了高光的质感，表盘和秒位呈现了亚光的质感，而秒针上醒目的“红点”为相对单调的产品带来了生气。这样的组合基本满足了视觉对高级感的需求，也符合工业产品的性格特征。

图 2–44　早期生产的东风牌手表

图 2–45　产品后盖设计 6 个旋口结构，刻有海浪、天空及东风字样的浮雕，概括的写意线条营造了丰富的想象空间

2. 海鸥牌 ST6 型手表

1975 年，产品基于国家出口换汇的需要更名为海鸥牌，从此开始更多地走向国际市场。

1975 年 3 月 8 日，海鸥牌女表设计成功并小批量投入市场。从整体造型来看，女表保持了与男表一致的设计风格，但是采用了小圆表盘，因而显得更加精致和典雅。此后，工厂还设计了带有日历的款式。

图 2–46　海鸥牌手表表盘局部特写

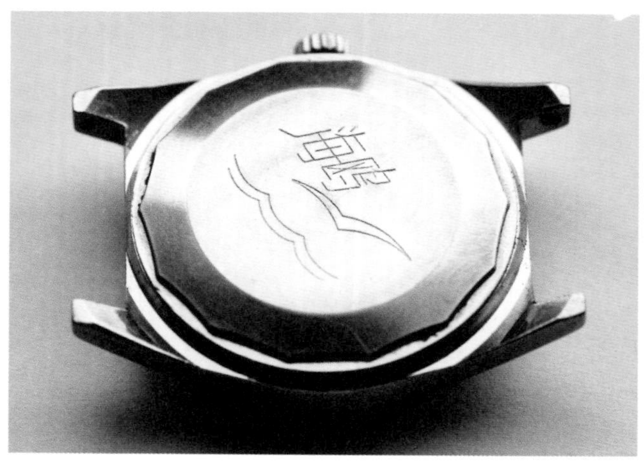

图 2–47　更名为海鸥牌后，工厂对先行量产产品后盖的钢印图案进行了简化，降低了成本

作为海鸥牌生产的第一只女性手表，ST6 型是在 ST5 型热卖的时候上市的，率先填补了市场的空白，并借助之前的销售势头顺利地实现了不错的销量。

相对于 ST5 型来说，ST6 型具有明显的女性特质。首先，在比例上表盘略小，切表盘与表带的比例拉大，表带很纤细，总体上体现出女性的身材比例特质。其次，表盘线条柔化，在表盘两边两条直线的转角处增大了圆角的比例，使整块手表看上去更加接近于一个圆。最后，在表针方面修改了 ST5 型尖锐的角，转变为小巧的三条“线段”，整体上减弱了 ST5 型的那种男子英气，赋予了手表更多的柔美感。

图 2-48 海鸥牌 ST6 型女表，手表后盖钢印图案上原先的“东风”二字被一只展翅的海鸥所替代

海鸥牌手表进入中国香港市场后反响良好，后来经过爱国商人的努力又迅速进入了英国和美国市场，同时在东南亚市场也取得了良好的销售业绩。外商曾给予海鸥牌手表极高的评价，这与产品设计把握好各类设计元素，使之有机组合并赋予产品独特的个性理念密切相关。

3. 海鸥牌 ST5 型手表

ST5 型男表主要针对海外市场销售，所以技术标准较高。表盘造型基本上与东风牌手表相同，标识换成“海鸥”的图形，材料采用原色的金属。表盘为白色，指针为箭形，产品整体给人以干练硬朗、简单大方的感觉。手表的秒针以一个红色的圆点作为点缀，此处设计可谓画龙点睛，使手表不会太单调。手表的点位不是由简单的一个金属块制成的，而是由两个小块拼在一起的，虽然简约但丰富了设计的细节。

图 2-49　ST5 型手表机芯

图 2-50　ST5 型铁路专用手表，使用了经过打磨处理的金属表盘

4. 海鸥牌 ST7 型手表

1975 年初，天津手表厂成立了 ST7 型机芯设计组，成员有王亚舟、裴一蜚等。1975 年 9 月完成设计，试制 10 只样机，机芯直径 28 mm，特点是：采用小号的擒纵机构，钢制的擒纵叉；首先采用节拍为 28 800 次 / 时的高频调速系统，为提高走时精度创造了有利条件；等时性误差、位差、面上实走误差均在每天 20 秒之内；为了调整方便，设计了三档快拨机构，可实现日历、周历的快速更换；采用国际上高档表才有的快慢针微调和拨针止摆装置；自动机构采用双向上条，换向机构设计成摇摆式换向轮，零件少，工艺性好；重锤采用滚动轴承，转动灵活，上条效率高；各种附加装置具有可分性，实现一机多用。但是，ST7 型机芯由于结构复杂及设备能力不足等原因并未投入大量生产。

搭配 ST7 型机芯的手表整合了较多的功能，属于高端的手表型号，在外观设计上也比 ST5 型和 ST6 型更讲究一些。例如，使用了金属的钻石切割图案镶边，刻度也使用了切割的图形元素，产品整体显得更加精致。

图 2-51　ST7 型手表

三、工艺技术

1955 年，东风牌手表刚投放市场不久便有消费者反映手表走时不准。经返厂检查后发现原来是手表游丝质量不过关。作为首款投放市场的国产手表竟然出现这样的质量问题，天津手表厂立刻联系配件厂组织研发东风牌游丝。经过数月的研发试验，量产后的新游丝完全符合当时的质量要求，为东风牌手表赢得了消费者的赞誉。

1972 年，国家为创汇决定由天津手表厂生产出口手表，并要求该新型手表装配防磁游丝和高防震性能的防震器。因为没有生产过防磁游丝和高防震性能的防震器，工厂曾希望通过使用进口配件来解决这一难题。但是，当时的轻工业部坚持手表应全部国产，并将日本首相田中角荣访华时赠送的日本产手表借给厂里用以拆解研究，因此天津手表厂便从冶炼开始，直到拉丝、定型十几道工序进行试验摸索。通过反复的试验与测定，工厂终于试制出温度系数低、防磁性能好的新品种防磁游丝，并达到了国外同类产品的质量标准。鉴于该款手表属于出口商品，天津手表厂对配合出口手表的防震器也进行了精心加工及设计，使产品外形美观大方，防震性能良好。

1973 年，为了进一步提升产品质量，工厂采用了新工艺，对防震器弹簧片进行了防锈处理，对宝石进行了防油流散处理，因此防震器的质量较刚投产时又有了显著提高。

图 2–52 《钟表》1977 年 2 月刊封面，海鸥牌手表技术工人正对手表游丝进行检测

四、品牌记忆

如下是家住北京的教师众民的回忆。

我有一块东风牌手表，可算是老古董了，它是天津手表厂生产的。1975 年，我选调到一家国有企业工作，当时我最大的心愿就是有块东风牌手表。作为一名工人就得自觉遵守劳动纪律，不迟到，不早退，没有手表怎么能行？对于当时的我来说，“牌子就是商标，商标就是牌子”。我需要的就是一块东风牌的手表。

在凭票供应的年代里，买块手表谈何容易！得先在班组登记排队，当时我看到好多老师傅还没排上，感觉我的愿望渺茫了。

我的愿望不能破灭，我还是要执着地等下去！每天我起得很早，唯恐迟到，早早地来到单位上班，已形成了习惯。至今我还爱起大早呢！就这么等……1976 年，终于买了一块东风牌手表，我如愿以偿了。看着这块闪闪发亮的手表，我爱不释手，兴奋的我不知用什么语言来表达当时的心情。终于有了自己的一块东风牌手表。每天我把它擦得倍儿亮，戴在手腕上亮闪闪的美极啦！每时每刻都可以看时间也方便多了，我愿意有人问我时间，这样更显得我有面子。东风牌手表的前身就是五一牌手表，中国第一块手表就诞生在天津，这是天津人的骄傲！最初有四位老师傅在当时的公私合营天津华威钟表厂商议如何研制第一块手表。1954 年底至 1955 年 3 月，在条件艰苦的情况下，经过三个多月夜以继日的艰苦努力终于试制成功了。一百四十多个零件，最薄的比纸还薄，最细的细过针尖，孔径、轴径的误差比头发丝还小……这些都是用老师傅们的双手来完成的。由于这块表是在 5 月 1 日前试制成功的，因此该表的商标定为五一牌。

五一牌手表在诞生后受到了国家领导人的重视及支持。1958 年国庆前夕，由国家投资在天津成立了天津手表厂。1966 年初，由工程技术人员组成的攻关小组开始着手进行新产品的研制工作。1966 年 8 月，组装出新型机械手表，定名为东风牌。东风表的问世，促进了国内手表业的进一步发展。

1969 年，工厂研究设计新颖独特、走时精确度高的东风牌超薄表。1975 年又研制生产出标准的海鸥牌女表，成为中国第一家进行男表、女表两个系列多品种生产的厂家。

改革开放以来，为了适应国际手表业的发展趋势，以天津手表厂为主体的 16 家手表专业生产企业及四家合资企业组成了企业集团——天津海鸥手表集团公司。这一品牌的背后是工人师傅们付出的多少智慧和汗水啊！它凝聚着各级政府的深切关怀。1978 年，我买了一块进口表，后来又换了一块上海产的女表，但是这块东风牌手表我还保留着它，它对我有着特殊的意义！我舍不得丢掉它，它给我留下了美好的回忆。

五、系列产品

1997 年 3 月，成立 ST16 型机芯设计组，结构参照日本西铁城 8205 型机芯，直径为 25.6 mm，厚度为 5.55 mm，同原型相比在自动结构上有所改变并增加了止秒功能。2000 年之后，在基础机芯上又衍生出多款多功能日历机芯（频率 21 600 次 / 时）。

2001 年 4 月，以 ST16 型机芯为基础进行改良，加大摆轮结构，研发出直径为 25.6 mm、厚度为 3.22 mm 的国产 ST17 型新机芯，并且在基础机芯上衍生出多款多功能偏心机芯。此款机芯主要面向出口市场（频率 21 600 次 / 时）。

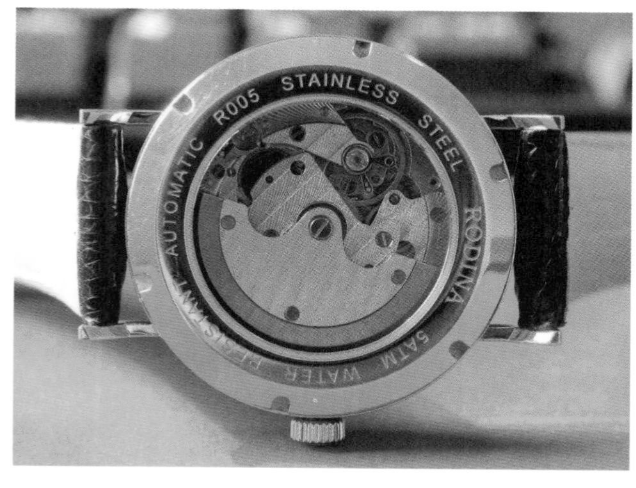

图 2-53　使用 ST17 型机芯的外国手表

2001 年，参照瑞士 ETA2892 型机芯开始研发 ST18 型机芯，直径为 25.6 mm，厚度为 3.83 mm，由于属于自动超薄机芯，所以自 2001 年至 2005 年一直处于技术攻关阶段。2008 年投入成品表生产，2012 年成品机芯产量约 3 万只，成品表产量约 1 万只（频率 28 800 次 / 时）。

图 2–54 使用海鸥牌 ST18 型机芯的中国共产党成立 90 周年纪念手表

ST19 型机芯原型为 20 世纪 60 年代天津手表厂为中国空军研发的空军飞行计时表 ST3 型机芯。2002 年 4 月，在 ST3 型机芯的基础上重新设计改良，加大了摆轮结构，改进了调速器和柱状轮。

图 2–55 海鸥牌手表后期产品主要采用 ST19 型机芯

ST21 型系列机芯结构参照瑞士 ETA2824 型结构于 2005 年底至 2006 年进行研发生产，主要目的是替代逐渐老化的 ST16 型机芯。ST21 型机芯具备单日历、微调、快拨等功能，是海鸥牌中档价位手表的主力机芯。同系列还拥有 ST2130 型（单日历）

和 ST2146 型（双日历）两款机芯（频率 28 800 次 / 时）。ST2146 型双日历机芯是在 ST21 型基础上参照 ETA2834 型双日历结构，双日历同时瞬跳。

ST25 型机芯是自主研发设计的一款基础机芯，结构由周文霞工程师设计，于 2003 年 3 月投产，机芯的摆轮结构参考了劳力士的过桥设计。在 ST25 型机芯的基础上还衍生出多款多功能自动机械机芯，其中包括飞轮系列（飞轮是指在摆轮上方安装一个框架，通过一个介轮衔接秒轮带动框架转动）。

ST25 型系列机芯具有日历、星期历、手动月历、月相、窗口日历、示能、飞返日历、飞返星期历等功能。海鸥牌自产的万年历机芯 ST2590 型也是基于 ST25 型研发的。ST2592 型年历机构机芯可自动识别除了 2 月以外的其他月份日历（频率 21 600 次 / 时）。

ST2800 型是一款具备双发条盒的手动上链闹铃结构机芯（频率 21 600 次 / 时，未上市）。

ST36 型系列参照 ETA6497-2 型机芯，是一款大结构手动上链机芯，摆频被更改为 21 600 次 / 时（原频率为 18 000 次 / 时），提高了机芯的走时稳定性和精度。ST3600 型机芯于 2005 年投产，应用于海鸥牌全系怀表和腕表 M222S 型中（频率 21 600 次 / 时）。

ST4100 型是一款超薄手动上链女表机芯，直径为 19.8 mm，厚度为 2.5 mm，两针半设计。机芯板路参照江诗丹顿机芯结构，成品表厚度约为 7 mm（频率 21 600 次 / 时）。

图 2-56　国内自主研发的使用 ST25 型机芯的海鸥牌手表

ST4200 型是自主研发的一款薄型自动女表机芯，频率 28 800 次 / 时，未上市。

ST80 型机芯是参照宝玑式第一代偏心式陀飞轮，于 2000 年设计研发，2005 年研制成功，2006 年投产成品表。后期衍生出多功能机芯，包括日历、示能、星辰、飞返日期和飞返星期等功能，以及镂空雕花机芯和规范针机芯（频率 21 600 次 / 时）。

ST82 型机芯是第二代同轴式陀飞轮，于 2009 年设计研发，2010 年正式投入生产，2011 年生产出无卡度游丝的同轴机芯。

ST8080 型是一款具有自主知识产权的并联式双陀飞轮结构机芯，搭载一颗偏心式陀飞轮和一颗同轴式陀飞轮。同系列还有 ST8082 和 ST8083（具备日期和月相功能）两款机芯（频率 21 600 次 / 时）。

第五节　上海牌手表

一、历史背景

世界手表工业是在第一次世界大战之后逐步形成的，但直到 1949 年，我国只能生产机械钟。1955 年 7 月，上海市第二轻工业局与上海钟表工业同业公会组织 13 家钟厂和建国仪表厂、华康钟表材料行、慎昌钟表店，以及艺星、和成、华成、中苏等 4 家工业社，加上 6 名从事钟表修理的个体技工共 58 人参加手表试制小组，试制单位和人员分头制造零部件——大光明钟厂工程师曲元德研制小钢马，中国钟厂工程师阮顺发试制主夹板。1955 年 9 月，分散加工的 150 多只零部件全部集中到慎昌钟表店，共组装出 18 只长三针（17 钻）细马、防水手表，表面上印有“第一次试制样品 1955.10 上海”字样，首批试制品并未公开发售。至此，中国结束了不能生产细马手表的历史。手表行业把擒纵叉称为“马”，“细马”是指擒纵机构为叉瓦式的，叉瓦和圆盘钉使用硬质玻璃做成（习惯叫钻石），结构相对复杂，效率高，使用寿命长；“粗马”是指擒纵机构为销钉式的，结构简单，叉销和摆钉使用圆柱钢丝做成，效率低，

图 2–57 第一次试制的手表样品

使用寿命短。1956 年 5 月，试制工作集中到江阴路（原齐心发条厂仓库）进行，试制队伍扩大到 150 多人，采用简陋设备试制出第二批 100 只手表。但是因为零件按实样研制，精度不一，装配成手表正品的只有 12 只，次品 58 只，废品 30 只，日走时误差为 120 秒，所以这批手表也没有上市。

1957 年 4 月，试制小组抽调火车头设计工程师奚国桢和制造医疗针头的技术人员童勤奋等结合试制实践，用了四个多月的时间，参考当时瑞士赛尔卡 AS1194 型手表的机芯，画出 150 多张零件图纸，制定 1 070 道工序的生产加工工艺，成为我国第一套手表生产的工艺文件。1958 年 3 月，A–581 型机械手表注册为上海牌商标（取名 A–581，寓意为 1958 年第一种机芯）。

至 1958 年，上海手表工业开始逐渐形成，但是关键元器件仍然依赖进口，因此

图 2–58 第二批试制手表——和平牌，现存于中国工业设计博物馆

图 2–59 第二批试制手表——东方红牌，现存于中国工业设计博物馆

为了填补我国钟表工业的空白，支持手表元器件及材料基地的形成和发展，上海市政府立刻从文教、冶金、仪表、日用化学、日用五金、科研、财贸等 15 个系统选择一批企业转产，此外还抽调一批工程技术人员大力发展宝石钻眼、防震器、游丝、发条等元器件加工工艺，以及铜材、不锈钢材、易切削钢材、镍基合金材料、钟表仪器、模具、专用机床生产的专业工厂，使上海钟表工业很快形成配套较为完整的手表生产基地。1958 年 3 月， A-581 型机械手表开始批量生产，当年生产的上海牌手表有 13 600 只，是 17 钻半钢防水表。

1959 年，上海手表厂用 A-581 型机械男表机芯组装了第一批女表。1965 年，该厂自行设计上海牌机械女表，填补了国内空白。在研发过程中，工人们发现表壳上的一个孔位出现了偏差，如果按照原设计进行加工，将会出现柄孔过低导致产品全部报废的严重后果。经过修改，这批手表避免了质量事故。1974 年，该厂设计出 SS5A 型机械女表，日误差为正负 45 秒，表直径为 20.3 mm。1970 年 3 月，上海手表三厂转产 20.3 mm 女表，使用上海牌商标，当年生产 54 000 只。1971 年 7 月，该厂自行设计出 X3IB 型上海牌机械日历女表。

图 2-60 上海中百一店中的上海牌手表专卖柜台

图 2-61 SS5A 型机械女表

图 2-62 发条及指针旋钮侧面有品牌图形的浮雕，增加了产品的精致感

二、经典设计

1. 上海牌 A-581 型

上海牌 A-581 型手表的整体设计追求典雅与现代相结合的风格，虽然采用大圆表面却给人以精巧的感觉。从侧面看，表面玻璃呈抛面状，在不锈钢表壳包围下，外观显得饱满、华丽。12 个点位刻度或由全数字组成，或 6 点位和 12 点位为数字，其他为条状线，或 3 点位、6 点位、9 点位和 12 点位为数字，其他为条状线，秒位刻度为短线。早期产品一般将刻度压入表面呈凹状。虽然早期产品的款式及色彩比较单一，但设计严谨，各要素搭配具有逻辑性，12 点位刻度下面放置品牌标识，6 点位刻度上面放置产地及关键技术参数。

图 2-63　上海牌 A-581 型手表

图 2-64　上海牌 A-581 型表盘的细部设计

图 2-65　富有立体感的弧形表面

由于设计师多为了解欧洲名表设计特色，并且具有长期修表和鉴表经验的人员，因此在早期产品推出以后，他们迅速利用数字刻度的字形、指针、表面色彩的不同变化来扩充产品线，并且取得了很好的效果。例如，指针设计有太子妃针、指示针与柳叶针三种形状，而秒针则有箭头针与平头针两种。据统计，由此造就了百余款上海牌 A-581 型产品。

图 2-66　使用黑色表盘的上海牌 A-581 型手表

黑色表盘配金色刻度也是十分成功的设计。为了在黑色表盘上突出指针，设计师采用了指示针造型和全数字刻度，秒针上镶有红点，顿时提升了产品的高级感。更为不同的是，该款表上“17 钻”的“钻”字写作“占”，由此可以判断是黑色表盘系列产品中比较早期的产品。

随着表盘喷塑工艺的成功开发，更新款式的产品也应运而生，这种设计进一步体现了工艺与技术之美，也给购买者带来了更加阳光的视觉感受。表盘设计外圈为 5 个同心圆，内圈为斜格网状图形，内外两圈不同图形的处理给人以表盘中间浮起的错觉，增加了产品的立体感。当将此款收藏品与同行分享时，有人认为这是古罗马斗兽场的俯视图。

此外，还有一种当时被称为“不眠纹”的表盘设计。那是一种类似于平面设计中的发射构成纹样，也受到了市场的普遍欢迎，迎合了消费者不断追求自身能力扩张的潜在意识。无论是哪种纹样的设计都表明当时的设计师已经不仅是想设计一件“机器”，而是要把自己的思想意识投射到产品上，使之更具有品质感和灵动性。

图 2-67　款式多样的表盘设计是早期上海牌手表的一大特色

图 2-68　上海牌 A-581 型系列手表不同表盘的设计

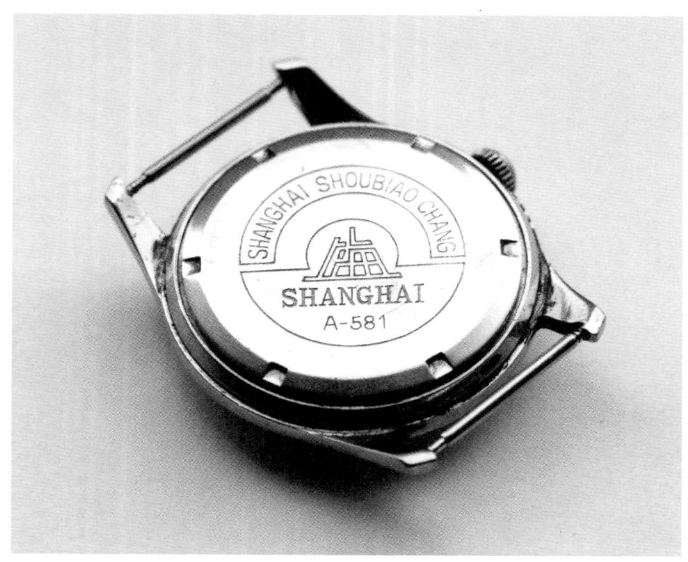

图 2-69 上海牌 A-581 型手表后盖的钢印图案设计

上海牌 A-581 型手表的后盖设计采用十二边形旋入式结构。后盖为全钢材质，利用材料自然的色泽和图形标识进行设计。外圈刻有厂名（“上海手表厂”的汉语拼音），内圈刻有手表型号和品牌标识。

据当时工作的师傅回忆：曾有一批 1963 年的后盖加印出厂流水编号，当时厂方希望像瑞士手表一样在每只手表上打上流水编号，所以特意从瑞士订购了一台编号打码机。但是最后因为手表产量太大，导致打码机承受不了而报废，最后除了 1963 年这批产品外再也没有在后盖打上流水编号的产品，此类后盖也属于 A-581 型系列中较为少见的品种。另外，如果是人工刻四位数字流水编号则是专供军队使用的产品。

2. 上海牌 A623a 型

上海牌 A623a 型手表是中国第一代国产日历手表，其设计与 A-581 型基本相同。比较经典的款式是贝壳色表盘与金色刻度的组合，再加上日历窗。此外，为了显示产品升级的特点，秒针采用红色尖头设计。品牌标识与 A-581 型完全相同，后盖设计以品牌标识为主体，增加了“日历”“防震”字样，并且将上海手表厂以中文名做凹刻。

图 2–70　A623a 型手表是第一款带有日历的上海牌手表

图 2–71　采用毛体商标的上海牌 A623a 型手表

图 2–72　上海牌 A623a 型手表后盖的钢印图案

3. 上海牌 1523 型

自 20 世纪 60 年代开始，上海牌手表陆续有一系列改进型产品问世，其中 1523 型的设计较具特色。

从产品整体来看，表壳造型已与前代产品明显不同，呈“肥胖”状态，表耳加宽。产品表盘采用凸面形态，被称作“环形盘”。3 点位、6 点位、9 点位和 12 点位的刻度采用凸起的长条形，其他点位则采用更细的长条形以示区别。指针为方形长针，没有任何装饰。

当时最引人注目的还有品牌标识图形的变化，采用中文“上海”和对应拼音字母的组合，其中中文“上海”被设计成高楼形状，下方的拼音则采用了大写字母。

图 2-73　表盘采用凸面设计的上海牌 1523 型手表，在视觉上更为立体

图 2-74 品牌标识图形

图 2-75 让设计师产生设计灵感的上海大厦是现代主义设计风格的经典之作

该品牌标识的设计者兼工程技术人员陈家昌先生回忆道："因为受到上海大厦造型的启发，所以想到把'上海'两个字巧妙组合起来，并设计成下宽上窄的等腰三角形结构，犹如上海一座座巍然伫立的大厦，体现出品牌和产品自强不息、傲然崛起的内涵。"设计者当时并不知晓上海大厦是现代主义设计风格的经典作品，也不知道其设计师为何人，但却感受到了强烈的现代气息，通过这种方式使现代主义设计风格在中国得以继续传播。

1523 型的后盖开启方式与 A-581 型相同，图形设计采用翻腾的浪花，这是当时比较流行的一种纹样。

后盖钢印上的品牌标识形状与表盘一样，中文"上海"两个字采用镂空设计，大写字母围边后显得十分典雅，其设计风格与当时的国际品牌完全一致。

20 世纪 60 年代后期，工程技术人员汪瑷从毛泽东题写的"好好学习，天天向上"与《满江红・和郭沫若同志》两幅手书字稿中，分别采集了"上"和"四海翻腾云水怒"中的"海"字进行组合。经过九宫格的临摹和加工工艺的推敲，合成了毛泽东手写体"上海"两个字。这两个字左右呼应、字连神贯、苍劲挺拔、气势豪迈，具有雄奇奔放的阳刚之美，被用于表盘、后盖及产品包装上。至此之后，上海牌手表的文字商标一直采用毛泽东手写体。

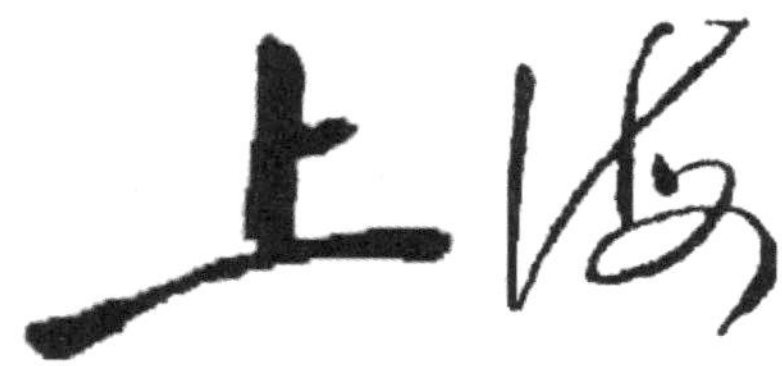

图 2-76　选自毛泽东手写字稿的“上”和“海”二字

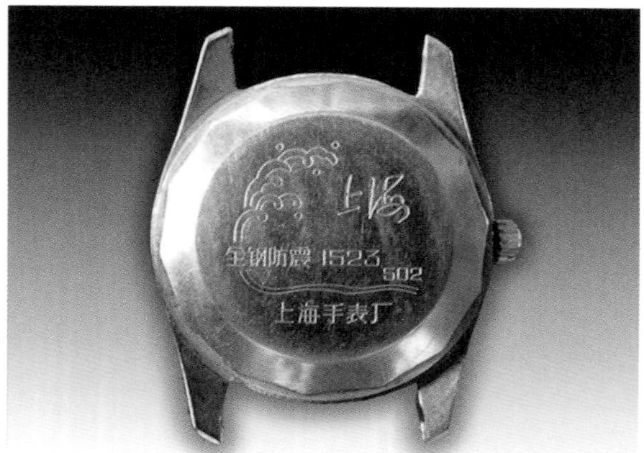

图 2-77　上海牌 1523 型手表后盖设计

图 2-78　20 世纪 70 年代后期的上海牌标识在产品合格证上的应用

1523 型的后继产品是 1524 型，虽然该款手表的表壳外观与 1523 型完全一样，但是其表盘已被设计成平面，点位刻度也全部统一，没有任何区别。为了在如此整齐划一的形态中求得一些变化，设计师在秒针上装饰了一个细小的红点。

1524 型的后盖设计比较考究：“上海”二字以及四周围绕的线形均为凸出的图形，而凹刻的生产厂家名称及产品型号与凸出的图形形成了对比。在 1524 型之后，上海牌手表在产品设计方面并无太多变化，只是为了批量生产、降低成本而在工艺技术方面有所改进。

图 2–79 印有毛泽东手书“为人民服务”的上海牌 1524 型手表

图 2–80 上海牌 1524 型手表后盖设计

三、工艺技术

1970 年，通过设计制造多工位表壳车床、轧牙与开槽自动机床，研发罗丝坯冷镦机 、横孔钻，将手动机床升级为气动机床等七八项技术更新，上海手表厂的产量提高到 228 万只，两年翻了一番。之后，我国的手表消费开始摆脱完全依赖进口的情况。为了进一步满足国内外市场的需要，上海钟表行业进行了大规模的调整：上海秒表厂（原金声钟厂）更名为上海手表四厂，上海第五钟厂（原昌明钟厂）更名为上海第二手表厂。1970 年，上海的小五金工业腾出人力用于发展手表工业。1973 年，求精锁厂等 18 家工厂组建上海手表三厂。在那段时间里，为了追求速度，不少企业把办公用房、生活用房、生产辅助用房等统统改为生产场地，此外还搭起了万余平的简易厂房，甚至在走廊、扶梯间、车间、人行道等处堆放原材料和半成品，目的是全力挖掘生产潜力。

20 世纪 70 年代末期，上海手表厂预感到随着国内市场对外开放，国外品牌将开始成为自己的主要对手。因此上海手表厂开始大量收集、寻找与手表相关的国外先进技术资料，并提出了“科技情报工作要紧紧跟上，能尽快地、更多地提供先进技术资料”的要求。面对这样的生产形式，上海手表厂不仅需要具有前瞻性眼光与开放视角的情报员，而且还需要一批精通外语的人才，因为外文资料来自各个国家。例如，有份资料来自法国，而厂内懂法语的只有一名员工，并且是在夜校学习的，他对于钟表专业词汇懂得不多。但是，他的父亲精通法语，因此工厂就邀请他的父亲来协助翻译。当时，在上海外国语学院的教师们以及上海轻工业设计院情报组的支持下，工厂组织翻译了近百篇技术资料。在愈发激烈的市场竞争环境中，上海手表厂需要大幅度提高生产力，但是当时厂里需要面对诸如自动车车坯零件、轴齿精加工以及夹板、表壳等加工精度不高，设备短缺，人员紧张，生产场地拥挤等难题，因此针对生产方面的薄弱环节，工厂集中力量组织人员收集情报，并派出小分队外出学习取经。例如，主夹板加工路线长，质量要求高，通过出国考察、搜集样本及组织观看科技电影，工厂仅花了十个月的时间，从图纸到样机，研发出两台夹板多工位铣床，使生产率提高了十多倍。在不断的改进设计的活动中，工厂通过提高制造精度，从过去只能粗铣，到摆脱小机群，形成了工位生产。主夹板的技术更新了，小夹板也要改革。生产情报人员在科技影片里发现了直线式生产工艺后马上组织车间工人和技术人员观看科技电影，然后到钟厂学习钟夹板组合加工机床，从中得到启发，回厂研发小夹板带料生产。经过一年的研发，成功试制出小夹板带料生产线，大大缩短了工艺流程，生产人员也从20人减少到5~6人，同时保证了高质量和高产量。在此基础之上，工厂又研发出一条中夹板带料生产线，并积极研发擒纵叉带料生产线、摆轮带料生产线、条夹板小装配一条线等。

在主要难题解决之后，上海手表厂将目光转向其他零件，轮列、擒纵、螺钉等零件的车坯和精加工都存在缺陷。轴齿加工原用铣切工艺，工厂的目标是采用轮片齿形滚切来代替原有工艺。当时，在北京瑞士钟表工业展览会上，国外厂商的机床样本里已经出现了可以实现这种工艺的轴齿滚切机床图片，而且西安已经引进了样机，所以工厂派人去学习。技术人员回厂后就开始对铣齿机进行改造，在半年的时间内试制出两台国产轴齿滚床。在此基础之上，技术人员不断进行实践和改进，生产出45台轴齿滚床，使工厂的生产率提高了一倍，解决了生产的关键问题。同时，为与滚床相配套，技术人员还自行设计和制造出小模数轴齿滚刀，保证了生产的发展。

在大量新技术的支持下，工厂的产量连年上升，直到年产突破500万只。但与此同时，工厂仍然保持原来的厂房面积，只是搭建了大大小小54个阁楼，这种短期行为使上海手表厂在兴盛期不到10年的时间里就出现了市场疲软态势。

进入20世纪80年代以后，上海钟表行业面临着计划还是市场的双重选择。长期以来，上海钟表行业基本遵循“计划为主、市场为辅”的原则，根据政府经济部门下达的生产计划组织生产。从80年代中期开始，随着经济体制从传统的计划经济向社会主义市场经济转变，上海钟表行业面对新的形势也需要加快经济结构调整和经营体制改革的步伐。

上海牌手表结构示意图(一)

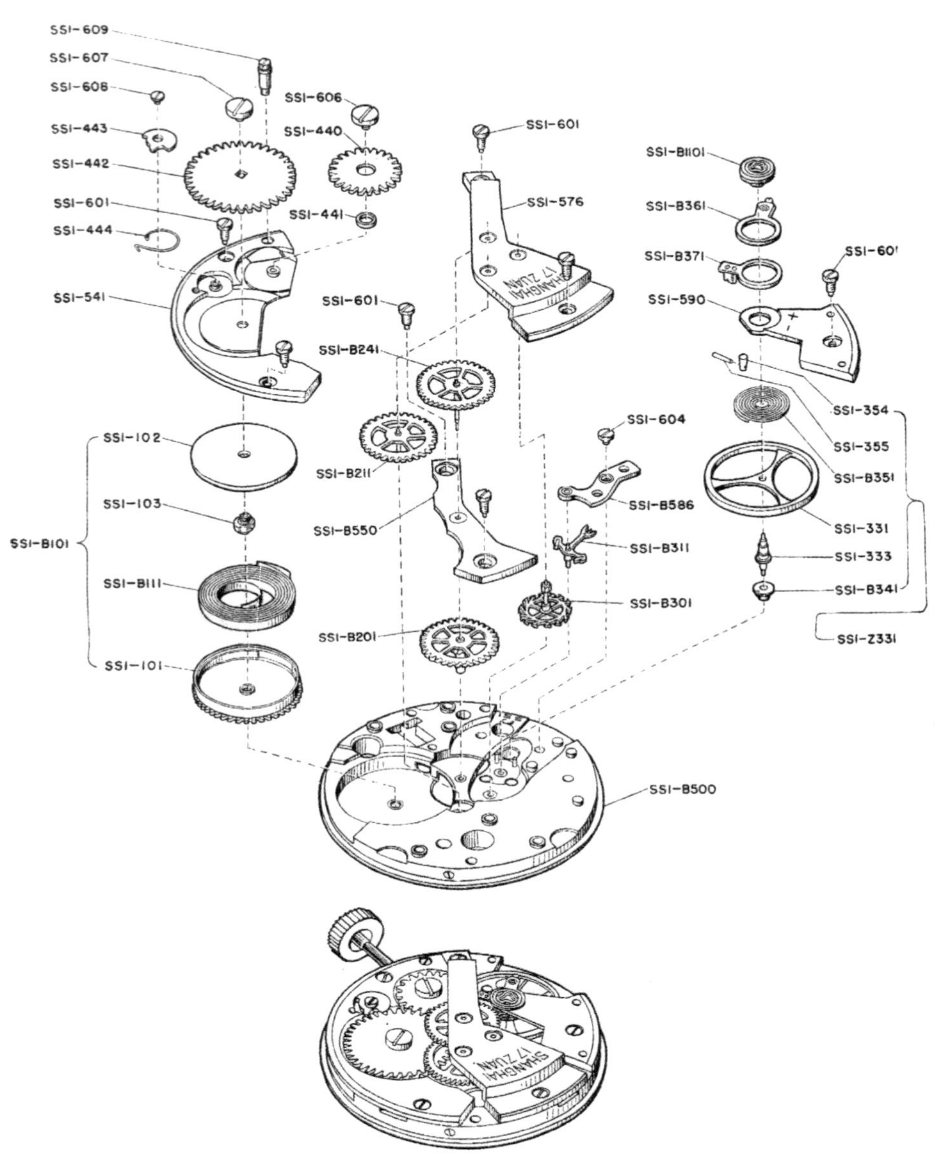

图 2-81　上海牌手表结构示意图 1

上海牌手表结构示意图(二)

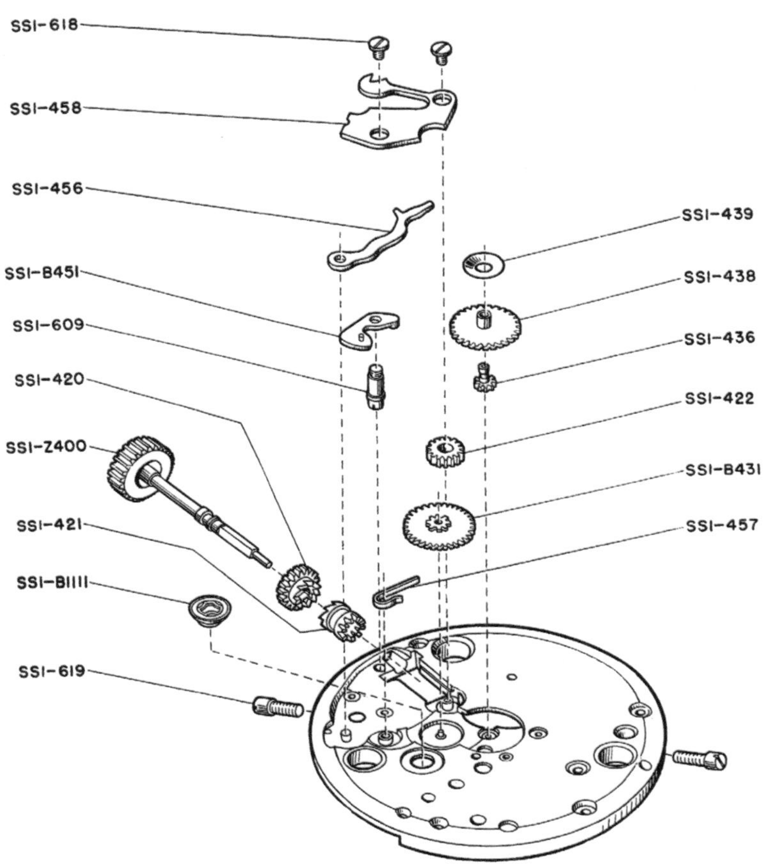

图 2-82　上海牌手表结构示意图 2

图 2–83　上海手表厂先进生产者尤文华研发出冲压表壳新工艺，解决了表壳生锈问题

图 2–84　为了保证产品质量，上海手表厂的工人们对每一只表都细心进行调整检验

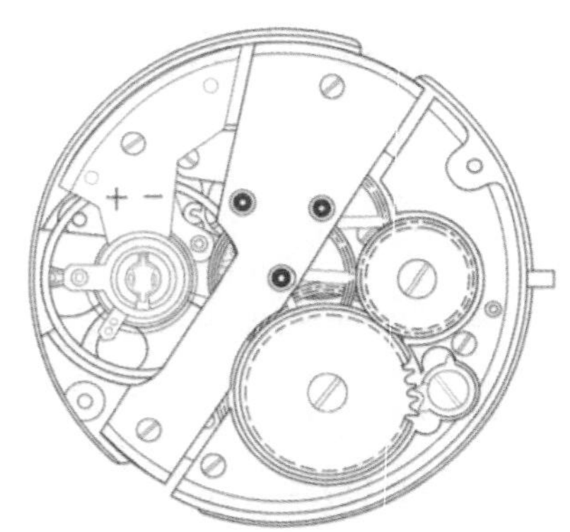

图 2–85　A–581 型手表机芯示意图。这款机芯后来成为了国家统一机芯之一，广泛用于其他高端品牌手表之中

四、品牌记忆

张毓云老先生是上海第一代制表大师，算得上是功勋级的元老。他曾参与过“中华第一表”的研制工作。A–581 型是在中国工业基础极其薄弱的情况下研制成功的，张老介绍了当时的研制情况。

"我当时主要负责研制防震器和轴类零件的后加工。研制 A-581 型时，我们没资料，没图纸，甚至连制表的精密机器和材料都不具备。我们只能把买来的瑞士表拆开，然后再装配，不断地研究，边研制边总结。大家凭着一腔热血和为国争光的志气，拼了命地干，我们硬是把 A-581 型做出来了，而且做得还很好。A-581 型的走时精度达到了当时瑞士手表的中等水平，耐用性高于瑞士中档表。曾经有人不小心把表掉进井里，过半年后又捞了上来，上满发条还能走，而且走得还很准。A-581 型即便在今天也是一只优秀的机械手表，而且已经不能单单地拿技术指标来衡量它了，它身上包含了太多的历史和文化。"

图 2-86　制表大师张毓云

图 2-87　瑞士赛尔卡（SELCA）手表的表盘和机芯

五、系列产品

1. 上海牌石英表系列

1983 年生产的 DSE3 型第三代石英表，机芯直径为 19.4 mm，轮列部分厚度为 2.56 mm，达到薄型要求，含单片式日历定位装置并于1987年获得专利申请。1987年1月，在上海钟表元件二厂协助下，又研制成功 DSE4 型第三代石英表。1989 年，该厂设计出高档 K 金表和永不磨损型表壳，填补了国内空白。该厂研制开发的 DSH14A 型第三代石英表注重机芯设计与外观设计的一体化，新颖典雅，视薄性强，并在上海钟表元件厂的积极配合下，在国内首次采用 0.60 mm × 0.17 mm × 1.50 mm 的最薄型红宝石轴承，达到国际先进水平。

在沉寂数年之后，2014 年至 2015 年间，上海牌石英表再次复苏，采用了简约的大表盘设计，其中以条钉形刻度为主，表镜以人工合成蓝宝石制作，耐刮磨，通过切割、打磨保证其透光率。表壳使用 316 L 精钢制作，具有耐磨损、抗腐蚀的功能。后盖采用防水油进行处理，确保手表的防水性能。

这一系列的设计追求的是现代感与时尚感，力求体现现代材质的美感与精密加工的震撼力，为情侣表产品增加附加值。其中比较特殊的是 2014 年夏天推出的 X-632-5 型女表，完全以时尚作为设计目标，整个表盘采用日月形式，具有张扬的形式感。处于月形中的罗马字刻度的设计营造了夜晚的感觉，日形中的三针采用白色设计，与白色日形本身完美融合，营造了白昼的感觉，而且先进的材料加工工艺有效地支持了这种设计。

图 2-88 上海牌 X-632-5 型真皮石英女腕表

图 2-89 上海牌防水夜光精钢钢带大表盘男表

图 2-90 情侣款防水钢带石英表

图 2-91 情侣款石英表

2. 上海牌机械表陀飞轮系列

1999 年，上海手表厂重组为上海表业有限公司，重组时老厂的技术人员和品牌全部保留下来。新组建的上海表业有限公司在高档手表研发方面狠下功夫，致力于提高机芯的技术含量，重整“上海牌”这个传统品牌。总经理倪海明与技术人员卧薪尝胆，研发制造出具有先进水平的多功能机芯，年历、月历、日历、露摆、计时秒表等呈现出不同的功能特色，依靠这类机芯产品，公司敲开了欧美市场的大门。

基于机械表开发的原有经验，历经企业重组，总经理倪海明带领所有设计人员攻克机芯制作难关。其中，攻克陀飞轮机芯制作的难关是首要任务。陀飞轮是指瑞士钟表大师路易·宝玑在 1755 年发明的一种钟表调速装置，其功能是为了校正钟表机件因为地心引力造成的误差，整个擒纵调速机构组合在一起以一定的速度不断旋转，将地心引力对擒纵系统的影响降至最低程度，可以提高走时精度。陀飞轮技术代表了制表工艺的最高水平。

上海牌机械表陀飞轮系列采用的标识是第一代上海牌手表的标识，标有“since1955”字样，显示了企业融合新技术、新工艺重塑辉煌的决心。

图 2-92　SH6658 型，轨道式陀飞轮

进入 21 世纪以来，上海牌机械表的设计以现代与时尚为主题。2012 年上市的 SH6658 型产品以小型罗马数字为刻度，增设了透视窗，表盘厚度为 15 mm，直径为 43 mm，表壳材料镀金，整体充满运动感，搭配真皮表带，独具品质感。

F 类产品是一个自成子系列的产品，设计追求经典与雅致，系列感极强，对热衷于这种类型的消费者审美心态的把握也十分准确。

F3 系列中 2189 型（中置式陀飞轮）是在 2013 年设计的，而 2261A 型（偏心式陀飞轮）是在 2014 年设计的，可称为“姐妹款”。这两款都具有 30 m 深水防水功能，日历、月相、夜光功能，表盘厚度为 14 mm，表盘直径为 43 mm。为了使表盘中心的指针、陀飞轮及月相机构成为视觉的中心，罗马数字或阿拉伯数字的时间刻度被设计成与表盘色彩十分接近的淡色，而表壳周边的设计增强了整款产品的节奏感，“上海”二字成了视觉焦点。

图 2-93 F3-2189 型，中置式陀飞轮

图 2-94 F3-2261A 型，偏心式陀飞轮

同期还有二款升级型设计的中置式陀飞轮产品——1171J 型和 1161 型。

图 2-95 1171J 型，中置式陀飞轮　　图 2-96 1161 型，中置式陀飞轮

2015 年，F8Z008 方形产品设计成功，在陀飞轮、日历、夜光的基础上增加了能量显示、周历等功能，设计的理念是将技术语言作为核心，并融合品牌传统。“上海”二字置于表盘上方，这与 A-581 型产品的放置位置相同，设计师以此来回应品牌的辉煌历程。

图 2-97 F8Z008 方形，中置式陀飞轮

第六节　青岛牌／金锚牌手表

一、历史背景

青岛的手表产业是在中华人民共和国成立后才兴起的。1956年3月，青岛市市南区五十多个从事钟表修理业务的个体户响应青岛市政府“组织起来，走合作生产道路”的号召，组成市南区第三钟表合作社，从事钟表的修理业务，社址位于中山路122号，隶属于市南区手工业联社领导。1956年7月，社员荆振录利用简单的修表工具，试制成功青岛第一只手表——4钻长三针手表，结束了青岛只能修表而不能生产手表的历史。虽然这只手表比较粗糙，质量比较差，还不能形成批量生产，但是它的出现鼓舞了制表工人的志气，激发了他们的热情，树立了他们的信心。1956年11月，该社工人开始参照国外粗机芯手表，并根据生产需要自己设计制作铲床、小旋床、切轮机、立式铣床和制表车床，绘制机芯等零部件图纸。经过反复试制，终于制成17钻长三针手表，定名为新青岛牌 。这款长三针手表除游丝、弦、表盘和钻石外，其余部件由该社工人制作，而且投入小批量生产。这批手表尽管质量仍不太高，但却开启了青岛批量生产手表的新篇章。1958年，市南区第三钟表合作社为了进一步提高手表的质量，扩大生产规模，将社内的铁工部改为制表部，专业生产手表，当年产量为100只。同年，该社与第一钟表合作社合并，改称为青岛第一仪表厂，制订手表生产发展规划，并自制各种生产设备37种，共计124台，为引进先进科技设备和发展生产做好了准备。

1960年，第一仪表厂参考上海牌A-581型手表的图纸，绘制出青岛牌A-601型

图 2-98　青岛牌 A-601 型 17 钻手表

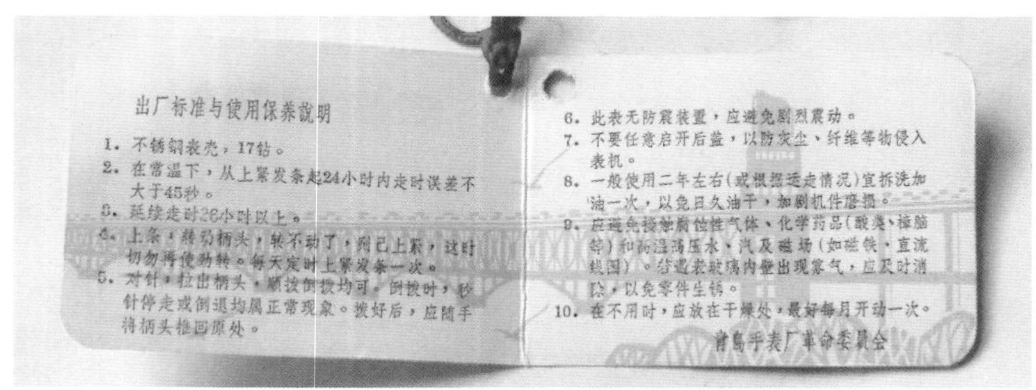

图 2-99　随手表附送的印有毛主席语录的保养卡

17 钻细机芯手表图纸，并以该图纸为标准投入生产。1960 年 4 月，青岛市投资 74 万元，用于青岛手表生产的基本建设。同时，轻工业部拨款 18 万美元用于设备的引进。1960 年下半年，第一仪表厂组织力量对 A–601 型机芯进行了重新设计，为生产高质量的手表打下了良好的基础。1960 年底，该厂已拥有各种制表设备 200 余台（套），基本上具备了小规模生产手表的能力。

1961 年 3 月，青岛第一仪表厂正式更名为青岛手表厂，此后引进民主德国 84 型滚齿机，至此青岛牌 A–601 型 17 钻细机芯手表正式投入批量生产。但是，当时正处于“三年经济困难”时期，刚刚诞生的青岛手表制造业面临重重困难。1962 年，在贯彻落实“调整、巩固、充实、提高”的方针政策时，在资金短缺、原材料及专用配件供应严重受阻的情况下，青岛手表厂转产仪表。但在生产仪表的同时，手表生产也从未间断。

1965 年，在国民经济形势好转之后，为了更快地发展手表行业，青岛市不断加大资金投入，同时引进国外生产手表的关键设备。1966 年 5 月，三级工农牌手表正式投放市场，并且在生产过程中培养了一大批技术人员。1967 年，青岛手表厂由东吴家村搬迁到市南区田家村。同年底，工厂搬迁到镇江路。1968 年下半年，技术人员将 A–601 型普通机芯改造成防震机芯，定型为 A–701 型青岛牌手表。1970 年，为了尽快扭转手表生产的被动局面，青岛手表厂按照新设计的图纸组织生产 17 钻青岛牌 A–701 型手表，改进后的手表增强了防震性能，提高了走时精度。虽然 17 钻青岛牌 A–701 型手表的生产比较顺利，但产品设计仍不够合理。1970 年 3 月，青岛手表厂派技术人员参加轻工业部组织的全国统一机芯手表设计组，10 月完成设计任务。

图 2–100 “文革”时期生产的工农牌手表

1971 年，青岛手表厂按照新设计的全国统一机芯组织试制性生产，装配样机 10 只，经鉴定基本达到设计要求。1972 年，工厂针对试制中存在的问题对图纸进行修改，并按照轻工业部的要求，由样机试制转为按照修改后的设计组织批量生产，当年产量为 1.1 万只。1973 年底，青岛牌 A-701 型手表停产。

1975 年，山东省轻工业厅组织“三大件”生产大会战，为此青岛市成立了专门的办公室，青岛手表厂也参与其中，制订了年产 100 万只手表的发展规划。为了完成这一目标，1976 年工厂新组建了工装车间，专门负责手表的工装生产。当时，青岛手表厂有职工 1 686 人，年产手表 30 万只，产品设计基本定型。

1977 年，青岛手表厂自筹资金 264 万元进行技术改造。1981 年，为了增加手表的系列品种，青岛手表厂于 3 月至 9 月派人到上海参加上海钟表工业公司联合成立的女表设计小组，10 月，青岛手表厂的女表生产领导小组成立。在女表试制过程中，青岛手表厂完成了 14 种手表零部件的试制任务。1981 年底，青岛手表厂建成 8 000 ㎡厂房，职工增加到 3 946 人，年产手表 130 万只，实现工业总产值 9 980 万元，实现利润 2 667.6 万元，上缴税金 2 907.5 万元。同年银行贷款 110 万美元，用于引进日本表壳生产技术设备。至此，青岛手表厂已成为全国同行中较为先进的大型生产厂家。1982 年初，青岛手表厂完成 425 只女表批量试制任务。6 月 11 日，轻工业部组织全国 59 个单位在青岛召开女表样品鉴定会，青岛手表厂生产的玫瑰牌 LSS 型女表通过鉴定，并于当年年底正式投入大批量生产，成为当时全国唯一符合国际标准的最薄、最小型的女士手表。为了确保产品质量，青岛手表厂购置了 10 台高精度的计量测试仪器，使测试精度达到 0.001 mm，光洁度达到 14 级，全厂形成了三级质量、计量检测网络。

随着生活水平的提高，消费者不仅要求手表的质量好，而且希望手表的款式新颖、品种多样。因此青岛手表厂在努力提高产品质量、增加系列品种的同时，加大了产品的营销力度，由生产型转为生产经营型。为了打开市场销路，青岛手表厂派 3 名厂级领导干部下乡赶集，参加各种展销会，倾听各方用户意见，用以指导生产。青岛手表厂曾在山东省多处地方当众将手表放到鱼缸中，以证实手表具有可靠的防水性能。此外，工厂还组成了七十多人的销售队伍，分赴山东及全国各地组织促销，获得了良好的效果。

二、经典设计

1. 青岛牌 A–701 型

青岛牌 A–701 型手表的前身是 A–601 型，设计主要参考了上海牌 A–581 型手表系列中的 1523 型，所以表盘沿用了“环形盘”，品牌名称采用毛泽东书法字体，表盘上的点位刻度长短一致，仅以粗细来表示 3 点位、6 点位、9 点位和 12 点位。

1968 年，轻工业部在上海召开“三大件”会战会议，A–601 型产品因为零部件质量没有达标，所以没有被批准生产，但青岛手表厂却以此为契机重新设计了 A–701 型产品。由于在全国会议上看到了上海等地推出的产品，并与同行进行了交流，因此青岛手表厂的设计人员强烈地意识到必须以全新的理念设计新的产品。

A–701 型手表除表盘造型基本保持“环形盘”之外，点位刻度进行了全新设计，因此整个表盘产生了有序的节奏：以水平线连接 3 点位与 9 点位，以垂直线连接 12 点位与 6 点位，形成了十字线。这种设计很少有人使用，估计设计师是想在众多的产品中脱颖而出，因而进行了大胆的创新设计，以此吸引消费者的关注。

图 2–101 青岛牌 A–701 型手表后盖的钢印图形设计

A–701 型手表的品牌标识显然是受到了上海牌 A–581 型的启发。青岛的建筑风格受国际主义设计思想影响较深，因此设计师将“青岛”二字组合成都市建筑的式样。与 A–581 型品牌标识不同的是这个图形多了几分灯塔的意味，体现了青岛的海洋特征，足见当时设计师的良苦用心。

A–701 型手表的后盖结构与上海牌 1523 型完全一致，两圈式设计突出了品牌标识和“全钢、防震”的设计要求。

2. 金锚牌 ZQDA 型

金锚牌 ZQDA 型是 1973 年按照轻工业部统一部署，采用全国统一机芯设计的 19 钻手表。这款手表的外形与 A–701 型相比更加饱满、整体，表盘改用平表盘，点位刻度在里圈，秒位刻度在外圈，直接印刷在表盘上，这种设计并不多见。指针设计并无特色，只是秒针上有一个红点装饰，表盘上用拼音书写品牌名称及技术性能。

ZQDA 型以青岛作为滨海城市的联想为基础而取名金锚，为了衬托产品的高级感，品牌标识以黑底配金色锚的形态出现。后盖设计沿用十二边形旋入式结构，除“青岛”二字外均用拼音写成。铁锚图形下增加了海浪，赋予产品以浪漫的色彩，强化了品牌记忆。

图 2–102　金锚牌 ZQDA 型手表正面设计

图 2–103　金锚牌 ZQDA 型手表后盖的钢印图形设计

三、工艺技术

1961 年，青岛手表厂成立时仅有一般设备 200 台。1965 年 12 月，工厂从国外购进坐标镗床、滚刀铲床、刀具磨床等设备，具备了小规模生产手表的能力。

为了发展手表生产，自 1976 年起，山东分别从瑞士、联邦德国、日本等国家引进了手表生产急需的样板磨床、万能坐标铣床、多工位钻床、滚齿机、坐标镗床、坐标磨床、铣齿机、纵切自动车床、摆轮平衡仪、摆轮检查仪、摆幅仪、投影仪等各类先进设备 1 000 余台。1982 年，烟台手表厂从瑞士引进手表生产设备 97 台，从联邦德国购买木纹低发泡注塑设备 8 台。1985 年，烟台木钟厂从日本引进高档木壳生产线。据 1982 年山东钟表科技情报站统计，山东钟表工业人均技术装备率达 0.439 万美元，高于上海的 0.355 万美元，甚至高于国外某些企业（如瑞士埃勃什公司为 0.38 万美元）。至 1985 年，山东钟表工业拥有各类设备仪器 14 851 台，技术装备水平居全国同行业之首。

四、品牌记忆

如下是青岛港务局李先生的回忆。

1977 年，我进入工作单位还不到两年。师傅姓王，已经 50 岁了，看上去老态龙钟，我跟他学习钳工。师傅眼睛高度近视，带着一副大圈套小圈的黑框眼镜。他技术精湛，是单位有名的多面手。带徒弟要求严格，我经常整天练习基本功。

那时候是计划经济，市场上什么东西都不愁卖。当时社会上流行“三大件”，就是自行车、手表、缝纫机。每年单位有两次发购买票的机会，就是一个班组 20 几个人，发三张购买票，自行车、手表、缝纫机各一张。全体班组成员以抓阄的形式分配，在生活必需品紧缺的年代，这种分配形式是非常公平的。小青年结婚，“三大件”是必需的，所以家长就千方百计托关系购买，这样就直接抬高了对“三大件”的渴望程度，当时没有人敢高价出售，有意违之那罪过就大了。

抓阄固然公平，但是你抓到的东西不一定是你最需要的，所以同事之间就私下互相交换。在接近两年的时间里，我共参加了三次抓阄。师傅从来就没有抓到过购买票，用他自己的话说：“我的手特别臭！”这不又开始进行下半年的抓阄分配了，师傅郑重其事地对我说：“我的手很臭，这次你替我抓！”午饭过后，大家齐聚会议室，嘻嘻哈哈地开始抓阄，轮到师傅的时候他一把把我拉到箱子前面说：“抓！”我说：“抓不着您可别埋怨我！”师傅说：“废话少说，抓！”我立即伸手抓出一个纸阄，放在师傅的手中。师傅小心地打开纸阄，大嘴一张哈哈大笑，那是一张青岛金锚牌手表的购买票。

第二天是星期天，师傅迫不及待地赶往中山路上的百货公司，花 60 元人民币把青岛金锚牌手表戴在了自己的手腕上。那时候 60 元接近一个月的工资，与现在相比相当于五六千元。师傅自从有了金锚牌手表就总是戴着，逢人就炫耀。就是在冬天，右手腕上的毛衣也要挽上一道露出金锚牌手表。

有一天，我们跟着师傅维修岸门吊上的液压缸，液压缸非常脏。师傅害怕弄脏自己的金锚牌手表，就从手腕上摘下手表放入上衣的下兜内。岸门吊上是大型机电一体化设备，液压缸是重要的运动部件，维修困难。经过一天的艰苦奋斗，快到下班时间时终于完成了维修任务。我们回到维修车间，大家都人困马乏。师傅脱下上衣，因为上面灰尘很多，于是他右手提着衣服领子，拎起来就往墙上摔打。啪啪几下之后忽然想起一件事情，赶紧伸手掏衣服口袋中的手表，结果抓出一把零件。师傅看后，一屁股坐在了地上。

五、系列产品

1. 金锚牌 LSG 型机械女表

该表由青岛手表厂与上海手表厂、重庆钟表公司联合设计，于 1982 年投产。机芯直径为 17.2 mm，厚度为 3.8 mm，属机械女表中较薄型机芯，符合国际标准。频率 21 600 次 / 小时，走时精度昼夜误差不超过正负 45 秒。除了尺寸缩小之外，基本设计与男表没有差异。

2. 玫瑰牌 LSS 型女表

在金锚牌 LSG 型机械女表的设计基础上，以出口海外市场为目标，工厂使用新品牌名称“玫瑰”，通过设计提升了产品的高级感，增加了产品的附加值。特别是在表盘新标识的材料上做了比较大的突破，使之拥有了“宝石”的感觉，时间刻度均为金色。在底盖浮雕图形的设计上也更加注重塑造纪念性和标志性。玫瑰花图形饱满圆润，婀娜多姿，能让女性消费者产生购买欲。在基本要素不可能变化太大的情况下，这款产品可以让消费者看到设计师的良苦用心。1982 年 6 月 11 日，轻工业部组织全国 59 个单位在青岛召开女表样品鉴定会，青岛产玫瑰牌 LSS 型女表通过鉴定，并于同年年底正式投入大批量生产，产品成为当时全国唯一符合国际标准的最薄、最小型的女士手表，获轻工业部颁发的优质产品奖。

图 2–104 玫瑰牌 LSS 型女表

图 2–105 底盖浮雕图形设计

第七节　羊城牌手表

一、历史背景

20 世纪 50 年代中后期，国家把拥有一定钟表修理技术力量的广州列为全国 5 个发展手表生产的城市之一。1958 年 5 月，广州市人民政府从市内各钟表商店抽调修表技工，组成中区和北区两个手表试制组，开始男表的试制。当时，试制组只有小摆车、小立钻、小立铣床之类为数不多的简易设备。两区的手表试制组除向钟表零件商店购买发条、游丝、宝石等零件，并采用原样机的擒纵轮、轴齿部件外，其他零配件均自行制造。试制组用了不到一个月的时间试制出两只大三针男装机械手表。1958 年 7 月，广州市人民政府批准以北区手表试制组为主体，成立东风钟表厂筹建处。1959 年，国家投资 290 万元，计划用一年时间建成年产 30 万只男装机械手表的生产线，并将厂名更改为广州钟表厂。

1959 年，为了集中力量建厂，华南钟表零件社、三达表带厂、东南表带社、旋光表面社、时代表带厂 、精华钟表零件社、七一钟表零件厂、南方钟表厂等 8 家钟表零件生产厂（社）被划归广州钟表厂。当时职工有 900 名，利用这 8 家厂（社）的原址作为手表试制和技术培训场地。在此期间，国家轻工业部曾先后邀请瑞士劳动党中央工业部长、苏联钟表科学院院长来穗，帮助规划广州手表生产规模和选择厂址。在外国专家的建议下，广州钟表厂选址于广州市北郊沙河顶，征地后因发现该地为广州城市规划中的铁路必经之地而停建。

1960 年，广州钟表厂厂址改选在沙河元岗地域，投资 110 万元，征地 30 万平方米。广州市轻工业局为了加快广州手表投产的速度，从辖下企业抽调 500 名职工，投入了“大战菠萝山，创建手表城”的土建工程，当年即完成两个车间的基础工程，但因经历“三年经济困难”时期，因此工程被迫下马。1962 年，当可以继续工程建设时发现该地为雷区，不适宜手表生产，而且已完成的土建项目基础浮动，因此厂房被列为危房，不能使用。鉴于这种情况，只得另拨款 100 万元，改选位于元岗的冶金学校校舍作为厂址。面对建厂的损失，该厂党组织发动职工精打细算，使用了 37 万元完成了新厂的初建工程，把损失减小到最低程度。广州市轻工业局从专业生产角度出发，把广州钟表厂一分为二，将手表生产部分定名为广州手表厂。国家轻工业部把从瑞士购买的年产 12 万只机械手表的设备分一半给广州，并把引进的瑞士劳比牌手表机芯的主要生产图纸交给广州手表厂，为广州生产手表奠定了基础。1963 年，广州手表厂生产出第一批 SG-3 型羊城牌男士机械手表。当时，由于国家调拨的主要生产设备尚未到厂，生产工艺不够完备，产品质量不稳定，所以未能通过国家轻工业部的鉴定。为此该厂组织技术攻关，加强生产管理，使羊城牌男士机械手表终于在 1965 年通过部级鉴定并正式投产。1966 年，工厂生产男士机械手表

图 2-106　20 世纪 60 年代末的广州手表厂

图 2–107　20 世纪 60 年代早期生产的羊城牌手表

1.26 万只，由中国百货公司广州批发供应站收购并投放市场，受到了消费者的称赞。当年，广州手表厂拥有固定资产 600 万元，职工人数 443 人，创利 12.5 万元。

“文化大革命”使广州手表厂的生产受到冲击。1967 年初，广州手表厂的企业管理工作陷于瘫痪。1969 年，该厂的生产指挥系统逐步恢复工作，但是企业的管理仍未恢复正常，出现“办事无程序、管理无制度、经济无核算、操作无规程”的局面。在这一期间，又发现该厂仍处在雷区地带，加上毗邻部队射击场，闪电及射击引起的地面震动影响了零件加工和产品装配质量。同年，经广东省革命委员会批准，广州手表厂迁址于广州南郊已停办的广东教育学院。当时，市场对手表的需求量增大，

图 2-108　早期的羊城牌手表机芯和后盖钢印图形设计

广州手表厂虽然年产量上升到 4.46 万只，但仍未能满足市场需求。为此，该厂发动职工开展“技术革新、技术创新”活动，用两年时间自行设计、制造出一大批专用设备，提高了生产能力，手表年产量上升到 20 万只。在第四个五年计划中，国家决定扩大国产手表的生产能力，在全国推行统一机芯生产。1973 年，广州手表厂投资 500 万元扩建厂房，计划把手表年产量提高到 50 万只。为了适应生产的发展，1974 年，广州手表厂成立零件生产合作社，扩充职工队伍，使生产人数增至 1 796 人。1975 年，该厂实现按统一机芯生产。1976 年，手表年产量增至 36 万只，创造利润 1 169.5 万元。1977 年，随着扩建工程竣工，手表年产量达到 50 万只，创利 3 317.4 万元，这是广州手表厂自生产以来产量和效益最好的一年。1978 年，该厂又成功地用全国统一机芯试产出男士日历机械手表，结束了广州手表厂生产品种单一的状况。

20 世纪 80 年代初，市场对于手表的需求量仍在增大。1980 年，广东省计划委员会投资 590 万元，计划用一年时间把广州手表厂的年生产能力扩大到 150 万只。随后根据市场出现的“女表热”，追加投资 500 万元，要求该厂用三年时间增建年产 50 万只的女士机械手表生产线。1983 年，国家开放市场，取消对手表产品的统一收购，国内手表市场竞争激烈，加上进口电子手表的冲击，广州手表厂的男士机械手表出现了销售亏损，工厂依靠及时投产的女士机械手表支撑局面。1987 年，广州手表厂开始为外商加工计时器零件，机芯销售到中国香港。当时，国内手表市场出现

图 2-109　广州手表厂车间

了自动表旺销、普通机械表滞销的现象。1990 年，广州手表厂的机械手表、石英电子表库存超过 60 万只，累计亏损超过 400 万元。为了寻求出路，该厂研制出 SG5、SG5R、SG4ZR、SG6ZS 自动机械手表，使广州手表厂形成了男女机械手表及自动机械手表、日历、双历等系列产品，并成为全国手表行业唯一能自行生产自动机械手表全部零件的厂家。

二、品牌记忆

20 世纪 50 年代有一部著名的反特故事片《羊城暗哨》，故事情节曲折动人、跌宕起伏，而由冯喆扮演的男主角英俊潇洒，令当年的女孩们倾慕不已。诗意的片名让“羊城”这个名称再一次传遍了中国。

当年看过这部影片的一个普通广州女孩长大后参加了工作，到了谈婚论嫁的年龄却一直没有确定对象，直到有一天与电影中男主角形象相仿的白马王子出现的时候，她才确定这就是她自己的白马王子。男方父母为了祝贺这对新人，费尽周折拿到了两张专用购买券购买了羊城牌男表和女表作为结婚礼物送给他们。

犹如生命不可复制一般，在物资匮乏的年代，一件物品往往承载着个人乃至家庭长达三十多年的记忆，并在被使用的过程中不断地唤起其主人对过去生活的美好回忆。

三、系列产品

1975 年，广州手表厂对品牌名称进行了更新，改为更加国际化的“广州”二字，并采用新设计的 SG3A 型机芯。该款手表从销售之日起到 20 世纪 80 年代末获得了市场的高度认可。在销售过程中，广州牌手表的机芯进行过一次更新，后期的广州牌手表采用的是 SG3C 型自研机芯。

第八节　钟山牌手表

一、历史背景

1958 年，南京紫金山钟表厂决定采取“以钟养表”的方式，开始试制手表。1958 年至 1962 年期间，副总工程师韩儒卓和技术科长王放等 13 人倡议生产适合当时国情和人民生活水平的经济型手表，这一倡议获得了轻工业部和省市有关部门的支持，并且轻工业部派专人参与设计。1963 年，试制任务完成并通过了技术鉴定。后来经过不断改进完善，工厂在全国最早定型生产 9 钻经济表，即钟山牌手表。这款手表由于走时稳定（日误差正负 30 秒），连续运行时间长（48 小时），经济实惠

（零售价仅为统一机芯表的 1/3），因此深受广大消费者，特别是农民的欢迎。1966 年的产量为 2.49 万只。

1971 年，在南京紫金山钟表厂手表车间的基础上建立了南京手表厂。1974 年，南京手表厂经过三期扩建工程，年产量达到 100 万只，成为全国规模最大的经济表生产厂。1978 年，该厂钟山牌 9 钻经济表供不应求，年产量达 106.8 万只。

进入 20 世纪 80 年代，市场对机械手表的需求日渐减少，加上花色品种陈旧，手表销售由畅销转为滞销，省内各手表厂加快了新产品的开发节奏。1981 年，南京手表厂试制直径 19.6 mm 和 19.4 mm 的机械女表。1982 年，南京手表厂建成 50 万只机械女表生产线，同时还与轻工业部钟表研究所及郑州、衡阳、揭阳手表厂联合设计直径 27.6 mm 的中型表，并开始批量生产。

1987 年，南京手表厂 200 万只机械男表和 50 万只机械女表生产线满负荷运行，形成 250 万只机械表的年产能力。工厂还从瑞士引进生产设备及检测仪器，达到国际 20 世纪 80 年代初的先进水平。

图 2–110　钟山牌手表的前身——紫金山牌手表

图 2–111　钟山牌 SNZ 型 9 钻手表

图 2-112　样式多变的表盘设计是钟山牌手表的一大特色

二、经典设计

钟山牌手表是中国当时最为著名的一款低端手表，在四十余年的品牌岁月里，为了控制零售价格，工厂一直坚持使用自厂研发的 9 钻机芯——采用低成本的机芯可以使更多的消费者以更为低廉的价格购买到手表。同时，为了延长品牌寿命，钟山牌手表对表盘的设计反复推敲，推出了多款设计精美、深受市场欢迎的手表。对于中国手表行业来说，钟山牌手表这种“不思进取”的品牌无疑是个异类，然而这份坚持却成就了一个特殊时期的品牌奇迹，也成为那一时期中国消费者的福音。

三、工艺技术

虽然钟山牌是一个低端品牌，但是其手表产品从机芯研发到零件生产、产品总装却是一个江苏省全省协作的成果。

1. 钟表原材料和元配件

1956年，苏州中苏钟表零件工场实行公私合营，开始生产金星牌游丝。1957年，研制成功表用宝石轴承，被列为国家投资项目。1958年，该厂更名为苏州宝石轴承厂。同年，南京紫金山钟表厂用热处理炉烧成人造刚玉。1959年，轻工业部决定新建南京钟表材料厂，将它列为国家重点建设项目，厂区占地32.75万平方米。

1962年，苏州钟表厂更名为苏州钟表元件厂，生产玛瑙轴承。1965年，转产宝石轴承。同年，南京钟表材料厂建成，部分投产，当年生产人造刚玉300 kg，铜板33.15吨，铜棒15.3吨，钢丝1.48吨，宝石轴承43.51万粒。1966年，南京钟表材料厂全面投产，开始为省内外钟表制造业提供配套服务，摆脱了我国钟表材料长期依赖进口的局面。

1966年，扬州钟表厂试制水晶擒纵叉。1969年，南京钟表材料厂镍白铜和59-B铜棒投产。1970年，苏州钟表元件厂制成表用防震器。

图2-113 钟山牌手表独有的9钻机芯

随着钟表生产的发展，钟表材料和元配件需要的数量和品种也不断增加。1971 年，镇江弹簧厂开始生产钟用发条。1972 年，含铅易切削钢在南京钟表材料厂投产。同年，苏州钟表元件厂试制成功固体（慢速）激光打孔机，可代替手工机械打孔。

1973 年，南京钟表元件厂建立，专门生产为 9 钻经济表配套的游丝和发条。1976 年，南京钟表材料厂试制成功我国第一台宝石轴承光电计算机。1978 年，江苏省全省钟表零件产量（商品值）为 148.08 万元。同年 9 月，苏州钟表元件厂与北京 1411 所协作，研制成功 YAG 快速激光打孔机，比慢速激光打孔机的工效提高 12 倍，使宝石轴承加工技术达到国际先进水平。1980 年，江苏省全省生产人造刚玉 6 910 kg，宝石轴承 1.42 亿粒，钢丝 1 007.19 吨，防震器 215.59 万套。

20 世纪 80 年代初，随着电子表的发展和钟表元件的改进，常州电池厂引进了扣式氧化银电池生产线，南京钟表材料厂制成了步进电机磁钢转子，钟表元件开始向电子元器件发展。为了改变“小而全”的生产模式，江苏省各地建立了元配件专业化生产厂，产品除为省内配套外，还供应全国二十多个省市钟表厂。

1984 年，扬州手表总厂引进超薄型双历环生产设备，苏州手表厂引进具有国际先进水平的电加工模具制造设备，苏州电子手表厂引进年产 200 万只石英电子表的步进电机生产线；南京钟表材料厂在国内首先建成石英表步进电机生产线，并开始石英表步进电机生产的准备工作，设备全部为国产。随着市场对石英电子表的需求迅速增长，电子元器件的生产也相应发展。扬州曙光机械厂、苏州半导体厂和常州钟表总厂利用原有进口设备，开始生产表用线路板和 6 mm × 8 mm 石英电子表基板部件；无锡表壳厂用国产设备建成一条石英电子表线路板生产线；苏州钟表元件厂开始试制石英振子和微调电容，均为钟表制造业增加新的花色品种、促进产品更新换代奠定了基础。1986 年，南京钟表材料厂又建成机修、刚玉、宝石元件、铜条带材、铜棒、钢材、电子元件等 7 个分厂，以及研究所和全员培训中心，成为大型专业化企业。

1987 年，江苏省有钟表材料、元配件企业 5 个，产值 1.46 亿元，利税 1 751 万元，其中利润 756 万元（均含外观件）。生产专用铜材 4 262 吨，钢丝 979 吨，镍白铜 131 吨，59-B 铜棒 157 吨，含铅易切削钢 89 吨。此外，还生产表发条 53.44 万条，表游丝 287.13 万条，防震器 495.2 万套，宝石轴承 1.77 亿粒，定时器 30.52 万个，钟表零件产量（商品值）为 518.22 万元。这些产品除供应省内外，还销往 24 个省市的 200 多个企业。

2. 钟表外观件

起初，江苏省的钟表外观件是从外省采购配套的，后来发展到省内自制，逐步形成专业化生产厂（车间、生产线），生产表壳、表盘、表针、表玻璃、紧圈、表带、上条柄轴和石英钟壳、钟针、钟盘等产品。

南京手表厂生产的钟山牌手表曾因为表壳不能配套，所以不能装配成品出厂。1973 年，为摆脱“赤膊机芯等衣穿”的困境，南京手表厂自力更生建成年产 50 万只表壳的生产车间。同年，苏州标牌厂生产手表表盘；红星五金厂更名为苏州表壳厂，转产表壳；常州武进钟表配件厂和钟表塑料配件厂、丹徒钟表元件厂，生产紧固件、有机玻璃表蒙、时针、分针、秒针，初步形成外观件配套体系。

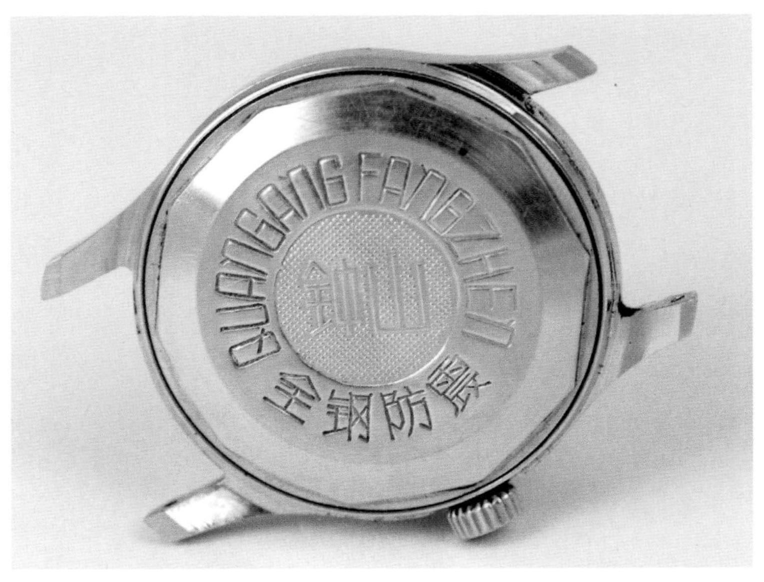

图 2-114 钟山牌手表后盖的钢印图形设计

为了适应钟表制造业配套的需要，外观件的生产发展也非常迅速。1980 年，苏州、南京先后建立了表壳二厂。1982 年，淮阴钟表配件厂在国内首创“塑料仿木纹工艺”钟壳，被国家科学技术委员会列为中间扩大试验项目，翌年通过轻工业部技术鉴定，为无锡钟厂的石英钟配套。同时，常州石英钟配件厂和武进塑玻装潢厂也扩大生产，淮阴、常州两厂均形成年产 100 万套钟壳的生产能力，无锡、苏州也开始生产石英钟壳。

1984 年，苏州表壳二厂引进异形表壳仿形铣；南京表壳厂和金陵机械厂，苏州、武进、无锡表壳厂，自行改装原有设备，形成异形表壳生产线，主要生产前异后圆铜表壳。1985 年，武进钟表配件厂聘请上海技术人员到厂指导，用国产设备建成年产 150 万只全光亮表壳镀金生产线，同时该厂通过租赁引进一条石英玻璃生产线，当年投产；苏州表牌厂、南京手表厂各引进一条表盘生产线；扬州手表厂引进表盘关键设备，提高了表盘的档次；南京钟厂、淮阴钟表配件厂引进钟壳镀金、烫金生产线各一条；苏州表壳二厂引进一条冷挤压不锈钢异形表壳生产线，年产 50 万只。各厂还将异型铜管、铝合金、仿金材料用于表带生产。1986 年，武进镀金表带厂将景泰蓝技术首先用于表带生产，达到年产 30 万条的生产能力。

当时，钟表外观件的生产工艺也有所突破，采用了石英表玻璃镀膜、镶字表面工艺，以及仿木纹漆、烫金、仿金镀等塑料表面二次处理工艺。

1987 年，江苏省有钟表外观件生产企业 9 个，生产各种款式花色 200 余种，表壳产量 263.51 万只，除供省内配套外，还销往外省。钟表的时针、分针、秒针，年产 1200 万套。自引进设备后，表盘年产 500 万块，硬质表玻璃年产 600 万块，均批量销往中国香港地区。

四、品牌记忆

曹诏亮是一名 20 世纪 60 年代参加工作的教师，如下是他的回忆。

在 20 世纪 60 年代的农村，手表可是个稀罕物，很少看到有人戴，因为买不起。

那时，我刚刚高中毕业，村里安排我去学校任民办教师。在学校一起教学的有位老师，他家庭条件比较好，手腕上戴着一块钟山牌手表，这也是我们学校唯一的一块。钟山牌手表是在当时流行的价格最低的一款表，每块价格是30元。看上去价格虽然不高，可在当时这30元不算是个小数目，绝大部分的家庭是支付不起的。

我非常喜欢手表，羡慕戴手表的这位老师，更想拥有一块自己的手表。为了能经常抚摸一下这位老师的手表，我一有时间就找这位老师套近乎、聊天，时不时地要他的手表看一会儿。每次拿着他的手表时，我都爱不释手，仔细看个够，总想拥有它。在一个星期六的下午，我壮了壮胆，以乞求的口吻对这位老师说："我非常喜欢你的手表，我长这么大从来也没有戴过，能不能借我戴上一天过把瘾？"这位老师听后，从手腕上取下手表，递到我的手里，并爽快地说道："给，喜欢你就戴着，什么时间戴够了再给我。"当时，我接过手表的激动心情是无法用语言表达的，甭提多兴奋了，那是我第一次戴上钟山牌手表。

我记得那个时候已是深秋，天气有了凉意，人们都穿上了长袖的衣服。有天下午，学校早早地放了学，老师和学生们也都回家了。我在办公室里坐了一会儿，不时地看着手腕上的表，心里美滋滋的，看得出了神，直到时针指向下午五时，我才想起来该回家了。

我家住在村子的北头，从学校回家的时候要从整个村子中心走过。戴上手表的感觉与平常不太一样，走在回家的路上我感觉非常有精神，遇到来往的乡里乡亲总想先和他们搭个话，说上几句。我不知不觉地早就把衣服袖子挽得高高的，就怕把手表给挡住了。当在途中与相识或不相识的人相遇时，我总是观察他们的眼神是否注意到了我手腕上的这块表。

回到家里后，母亲看到我手腕上戴着一块手表，并没有吱声。第二天，我没有上学校，帮着家里干些家务。母亲看到我一天的眼神都没有离开过这块手表，到了晚上就说话了："儿子，看得出来，你很喜欢手表，虽然你没有提出来要买手表的事，当娘的心里明白，手表我和你爸给你买，别人的东西再好，是别人的，咱不能动任何的心，明儿敢快把手表还给人家。"母亲的几句话说得我脸上火辣辣的，我没有再解释一句，心里想，我一定要自己攒钱，买一块自己的钟山牌手表。自己攒钱谈何容易，我刚进校门当了一名民办教师，村子里记工分，学校每月只发五元钱的工资，靠工资买手表，就是一分钱不花，至少也得半年后才能攒够。

一个月以后，母亲把家里辛辛苦苦喂养一年的一头猪卖了。母亲喂这头猪是准备卖了后给父亲买自行车的。父亲在外地的一个公社工作，没有自行车，来回上班都是步行，非常辛苦。一天中午放学，我回到家，母亲拿着一块崭新的钟山牌手表，递到了我的面前，并说："儿子，家里的那头猪卖了，咱有钱了，你爸托人在徐州厂子里给你买的，这样你就可以戴上咱自己的手表了。"我看着母亲喜悦的表情，用颤抖的双手接过这块手表，激动地哭了。此时的心里好像装着个五味瓶，虽然有了自己的手表，但却高兴不起来，因为它是用给父亲买自行车的钱买的。这块钟山牌手表是我一辈子都不能忘记的。

后来，我的经济条件好了，手表也换了一块又一块，父亲却把它戴在了手腕上。期间，这块老掉牙的钟山牌手表，不知停了多少次，又修了多少次，除了表壳和主要部件没有换掉外，表盘也都换成上海牌的了，可这块来之不易的钟山牌手表，一直在我父亲的手腕上不停地走着。

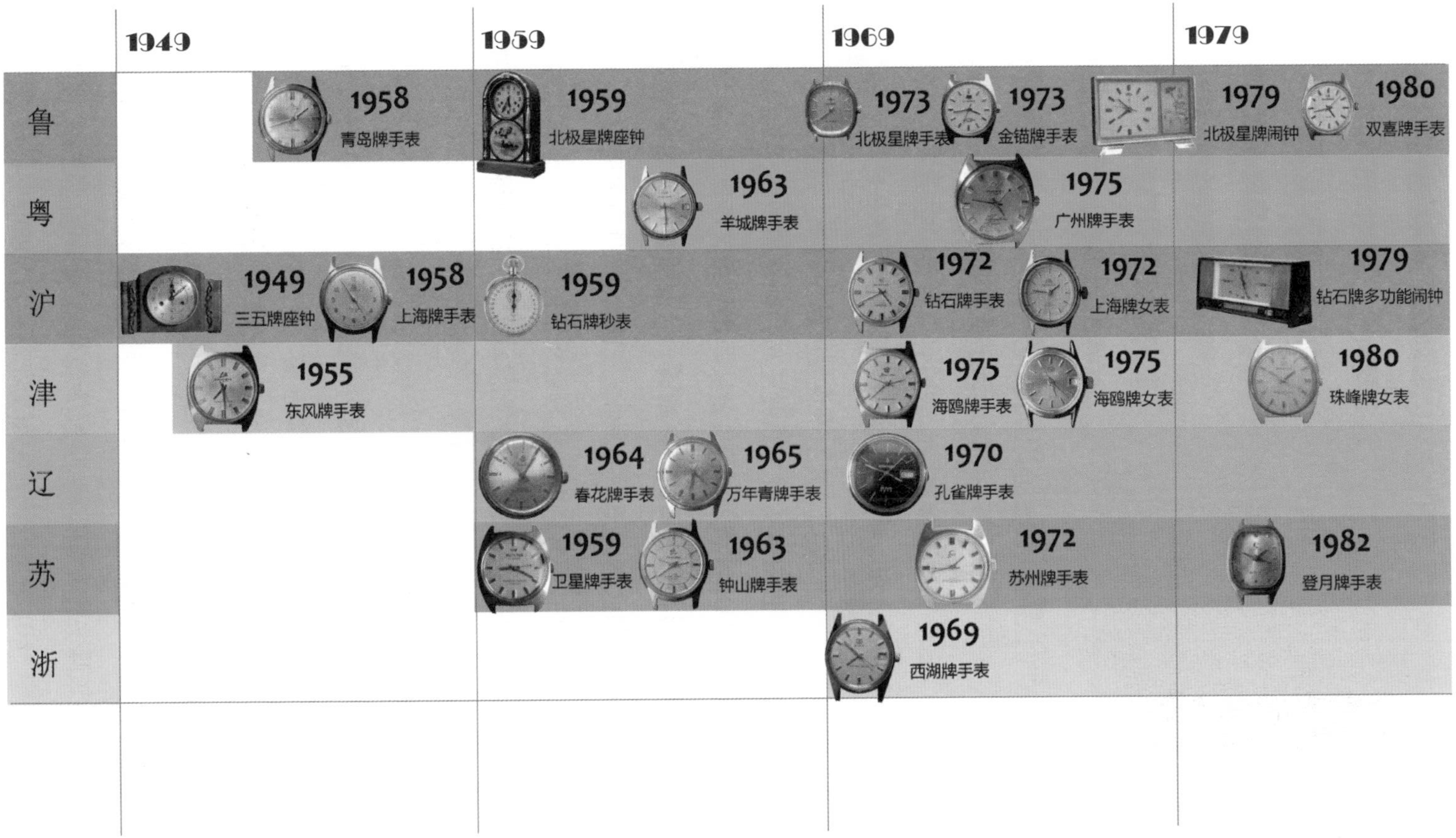

	1949	1959	1969	1979
鲁	1958 青岛牌手表	1959 北极星牌座钟	1973 北极星牌手表；1973 金锚牌手表	1979 北极星牌闹钟；1980 双喜牌手表
粤		1963 羊城牌手表	1975 广州牌手表	
沪	1949 三五牌座钟；1958 上海牌手表	1959 钻石牌秒表	1972 钻石牌手表；1972 上海牌女表	1979 钻石牌多功能闹钟
津	1955 东风牌手表		1975 海鸥牌手表；1975 海鸥牌女表	1980 珠峰牌女表
辽		1964 春花牌手表；1965 万年青牌手表	1970 孔雀牌手表	
苏		1959 卫星牌手表；1963 钟山牌手表	1972 苏州牌手表	1982 登月牌手表
浙			1969 西湖牌手表	

图 2-115 钟表品牌发展一览图

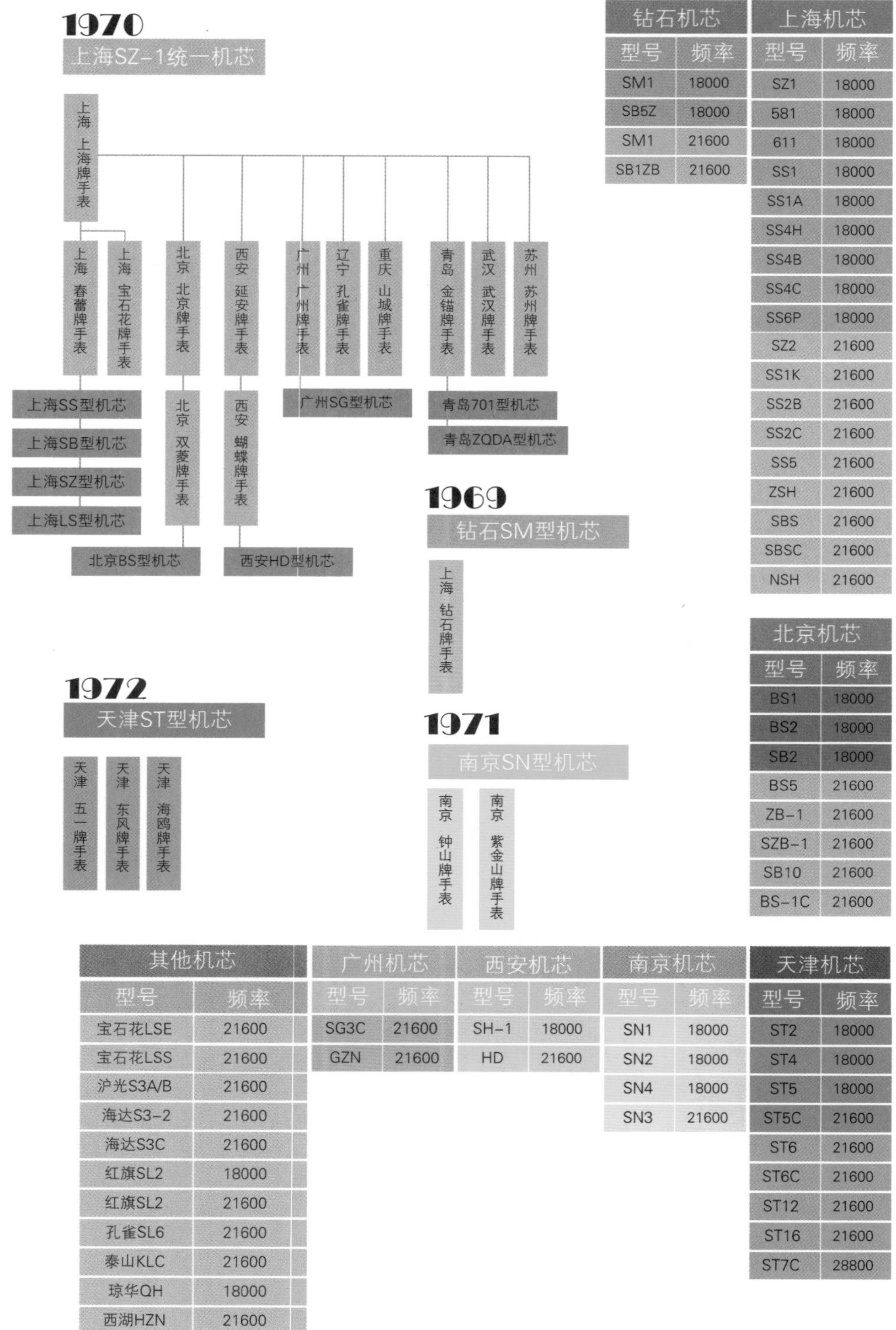

钻石机芯	
型号	频率
SM1	18000
SB5Z	18000
SM1	21600
SB1ZB	21600

上海机芯	
型号	频率
SZ1	18000
581	18000
611	18000
SS1	18000
SS1A	18000
SS4H	18000
SS4B	18000
SS4C	18000
SS6P	18000
SZ2	21600
SS1K	21600
SS2B	21600
SS2C	21600
SS5	21600
ZSH	21600
SBS	21600
SBSC	21600
NSH	21600

北京机芯	
型号	频率
BS1	18000
BS2	18000
SB2	18000
BS5	21600
ZB-1	21600
SZB-1	21600
SB10	21600
BS-1C	21600

其他机芯	
型号	频率
宝石花LSE	21600
宝石花LSS	21600
沪光S3A/B	21600
海达S3-2	21600
海达S3C	21600
红旗SL2	18000
红旗SL2	21600
孔雀SL6	21600
泰山KLC	21600
琼华QH	18000
西湖HZN	21600

广州机芯	
型号	频率
SG3C	21600
GZN	21600

西安机芯	
型号	频率
SH-1	18000
HD	21600

南京机芯	
型号	频率
SN1	18000
SN2	18000
SN4	18000
SN3	21600

天津机芯	
型号	频率
ST2	18000
ST4	18000
ST5	18000
ST5C	21600
ST6	21600
ST6C	21600
ST12	21600
ST16	21600
ST7C	28800

图 2-116 上海研发的 SZ-1 型机芯被多个品牌采用，并以此为基础各自研发出自己品牌的新型机芯

第三章　缝纫机

第一节　蝴蝶牌缝纫机

一、历史背景

1872 年，缝纫机进入上海市场，最早是由晋隆洋行从国外运进数台“微荀”制造的缝纫机。1875 年，华泰洋行也从国外运来用于缝制皮鞋的工业缝纫机，在上海市场销售。此后，天和、茂生、复泰、信生等各大洋行在上海推销各种牌号的缝纫机，后由美国胜家公司垄断市场。

随着缝纫机拥有量的增加，维修业务逐渐发展。1900 年，浙江奉化人朱兆坤在郑家木桥（今福建南路 20 号）开设美昌缝纫机商店，从事缝纫机修理等。此后，在这一带又开设了施茂泰、瑞泰、桂龙顺、复升、久昌等缝纫机修理商店。1919 年，沈玉山等 3 人开设协昌铁车铺，1922 年更名为协昌缝纫机器公司（后来的协昌缝纫机厂）。

由于进口缝纫机不断增多，维修业务量不断扩大，缝纫机零件生产也应运而生。1922 年，原胜家公司缝纫机修理工徐赓华在虹镇老街开设广厚机器厂，从事缝纫机零件生产，这是上海最早生产缝纫机零件的工厂。1924 年，浙江奉化人阮贵耀于上海新北门三星里 1 号开设阮耀记袜机袜针号，后转向缝纫机零件和缝纫机制造。此后，上海又相继开设了一些缝纫机零件生产厂。

1928 年，上海龙华人计国桢邀集冼冠生等 6 人出资入股，向礼和洋行及谦和洋行购得一批机器，于谨记路（今宛平路、肇家浜路南侧）开设胜美缝纫机厂，有职工 30 余人，陆晋生任工程师，成功地试制出上海第一台国产家用缝纫机。同年，协昌缝纫机器公司于嵩山路 70 号自制工业缝纫机，商标为红狮牌，这是上海最早生产的工业缝纫机。这一时期的本土缝纫机生产机械化程度很低，几乎都是手工操作，劳动条件也差，工作强度高。缝纫机制芯全系手工操作，材料采用红砂、白砂、黑砂，质差且易碎。

1937 年，阮贵耀在上海成立了“阮耀记制造缝纫机器厂”，在郑家木桥 30 号生产 15–30 型缝纫机，商标为飞人牌。1940 年，生产规模不断扩大，月产缝纫机 20 台。

抗日战争爆发后，因终止美国缝纫机进口，上海市场缝纫机供需紧张。郑家木桥一带缝纫机商店趁机转向生产缝纫机。1940 年，协昌缝纫机器公司开始生产家用缝纫机，商标为金狮牌，后更名为蝴蝶牌。1943 年，徐文熙等 5 人筹集黄金 500 两，于马白路（今新会路）227 号开设中国缝纫机制造厂，试制成功工业用电力缝纫机，供应市场。抗日战争胜利后，因美国胜家公司卷土重来，迫使该厂资金亏损殆尽，于 1947 年 4 月宣告歇业。

1946 年，开设于长寿路 91 号的家庭商号试装家用缝纫机，并开始使用蜜蜂牌商标，后更名为家庭缝纫机厂（远东缝纫机厂前身，后更名为上海缝纫机三厂）。1946 年 10 月，丁维中等人在上海建立惠工铁工厂（后更名为惠工缝纫机厂），生产缝纫机零件及纺织机械配件。1948 年，由于通货膨胀，原料短缺，不少缝纫机工厂歇业或倒闭，全上海仅留厂商 70 余家、312 个职工，年产缝纫机 1 400 台，其中少量产品以“Butter Fly”为品牌销售到中国香港地区。

图 3–1　印在蝴蝶牌缝纫机机身上的装饰纹样

中华人民共和国成立后，协昌缝纫机厂得到了政府的大力支持。1950 年，协昌共有 600 余只机头，300 台整机，总计约 16 万港元货值的蝴蝶牌缝纫机由上海发往中国香港地区转口外销，成为新中国成立后第一批出口的缝纫机。

1952 年，缝纫机统一由中国百货公司上海采购供应站包销。1955 年，蝴蝶牌缝纫机在新加坡、马来西亚注册，成为行业中第一个在国外注册的品牌。1956 年，蝴蝶牌 JA1–1 型家用缝纫机成批出口，并由初期的年出口数千台发展到年出口数万台，列居中国缝纫机出口前列。1959 年，出口市场发展到五十多个国家和地区，其中出口到苏联及东欧市场的比重较大。

20 世纪 60 年代初，中苏贸易中断，上海缝纫机出口受到影响。1962 年，上海出口缝纫机 14.92 万台，1963 年骤降到 6.1 万台，而协昌缝纫机厂出口的蝴蝶牌缝纫机从 1962 年的 13.6 万台降为 3.6 万台。

20 世纪 70 年代，世界缝纫机生产和销售的中心从欧美转向亚洲，中国缝纫机工业借机获得了空前的发展。1977 年，全国缝纫机产量 420 万台，出口 28.4 万台，其中上海出口 24.25 万台。1978 年，全国缝纫机出口 38.63 万台，其中上海出口 34.38 万台。1979 年，全国缝纫机出口 49.67 万台，其中上海出口 42.58 万台。上海产缝纫机主要出口到新加坡、伊朗、叙利亚、科威特、阿联酋、阿尔及利亚和尼日利亚等国家及地区。

二、经典设计

蝴蝶牌 JA1–1 型缝纫机定位于“家用”，而且是当时家庭财产中的“当家花旦”。该款产品由 159 个部件组成，可分为“机头”“机架”“机板”三大部分，这三大部分的造型均有可圈可点之处。

蝴蝶牌缝纫机在整体机身设计上采用了不对称设计，皮带轮和操作台的延展板分别位于机身的左右两侧，而上下对角的位置结构给观者带来了奇妙的美感，使缝纫机整体显得极其大方稳重。在装饰纹样方面，设计者大胆采用了花边与刺绣相结合的图样，使这款诞生于江南的机械让人不禁联想到“宋人之绣，针线细密，用线一、二丝，用针如发细者为之。设色精妙，光彩射目”的苏绣。

黑色的机身镀铬与金色的蝴蝶纹样散发出一股不言而喻的华贵感。操作台上显眼的蝴蝶图案犹如正在呼唤消费者将其购买回家。在物资匮乏的年代，设计者尽全力将蝴蝶牌缝纫机的每个部位都进行了最大限度的装饰，每当人们看见“蝴蝶”，便如同遇见一位“以针作画，巧夺天工”的水乡奇女子。

图 3–2　蝴蝶牌 JA1–1 型家用缝纫机

蝴蝶牌缝纫机的机头具有很强的雕塑感，这种造型在容纳各种结构的同时显得张弛有度。采用流线型并非是一味地出于美学标准的考虑，因为缝纫机的机头两侧有较复杂的结构，所以体积需要被设计得较大，而中间部分设计周长为 40 cm 左右，使用者可以轻易用手握住机头将其平放进机板以下的箱体内，或从箱体内取出。

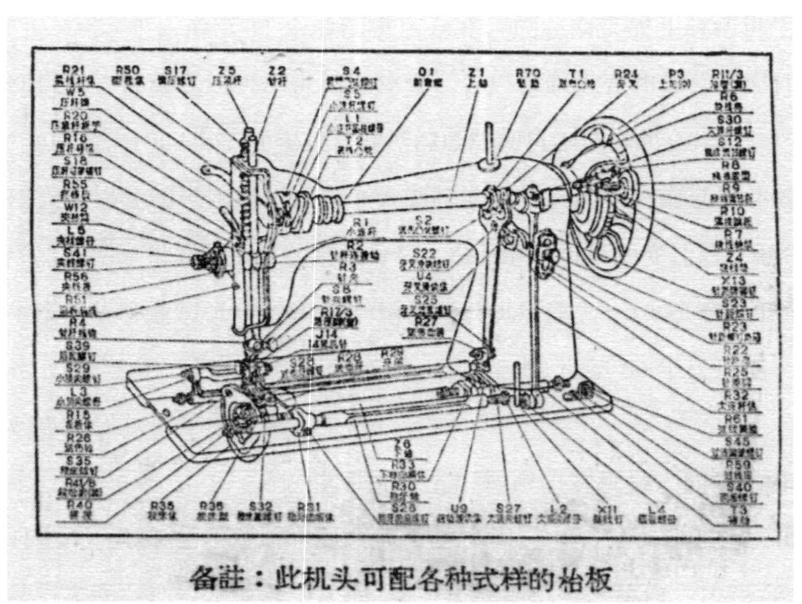

图 3–3　蝴蝶牌缝纫机说明书标注的各部分部件名称

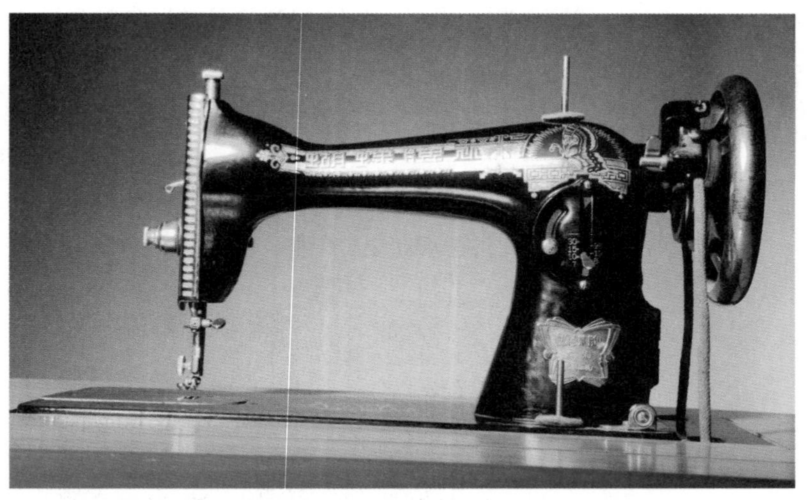

图 3–4　机头右侧转盘镀铬件十分光洁，让使用者触碰时有很好的手感，也便于清理

蝴蝶牌缝纫机的机架虽然是一个承重构架，但有踏板联动皮带轮，底部还有可供短距离移动的边角小轮，结构较为复杂。所有造型依据铸造工艺“顺势而为”，一气呵成。

图 3–5　机头左侧镀铬盖板

蝴蝶牌缝纫机的机板采用木纹贴面，作为与使用者肌肤接触最频繁的部分，“木纹”可以让人放心使用。同时，木纹贴面在金属材料制造的机头、机架之间起到了缓冲的作用，增加了视觉的丰富性，提升了产品的品质感。当缝纫机的机头收纳到箱体内，机板铺平时，常有人以缝纫机当写字台使用，可谓“一物多用”。

图 3–6　缝纫机厂木材堆放处

图 3–7　缝纫机厂烤漆车间

图 3–8　工人对机箱进行最后的打磨

图 3-9　用于推广产品的宣传照片，突出了缝纫机家用的特点

三、工艺技术

据《上海轻工业志》记载，在三十多年的时间里，该厂没有停止过对色彩及表面色泽的研究。早年机头上的黑漆是采用环氧红作为底漆，提高了机壳的防锈能力，面漆使用的是氨基漆，改善了表面的色泽。1964 年，工厂成立攻关小组，将一般红漆改为铁红环氧底漆，头度漆改为铁黑环氧底漆，同时改变氨基醇酸烘漆配方，原一般炭黑改为高碳素炭黑，用 339 清漆罩光，除彻底解决了反锈问题之外，还大大提高了底漆与面漆的结合度，在氧化镁热管加热和碳化磷加热后，极大地提高了表面光洁度和色泽。1969 年，该厂从日本引进了静电喷漆设备，直接应用于产品生产。

蝴蝶牌缝纫机的细部装饰主要为贴花和标牌两种，前者是平面的，后者是立体的，与浅浮雕类似。1952 年，三立石印局建立，印制缝纫机贴花，公私合营后将中国最早生产贴花的胡融达贴花印刷社和曼丽贴花印刷社并入，更名为三立贴花印刷厂。1967 年，更名为上海贴花印刷厂，专业生产缝纫机和自行车贴花及标牌。

在蝴蝶牌缝纫机机头上，品牌名称结合正面及侧面两只飞翔的蝴蝶形象占据了很大的面积，为产品营造出一丝生机盎然的气息。黑底上使用金色描绘使产品显得更为高贵，而立体的标牌设计在让人体验到动感的同时提升了产品的品质感。机头底板上的蝴蝶装饰似乎具有家族族徽的意味，除了起装饰作用外，更是一种对品质的保证和承诺。

图 3-10　机身主要部位都有贴花装饰

图 3-11　品牌标识以浮雕的形式安装在机头的醒目位置上

缝纫机的机板下方设有可旋转的抽屉，上面印有品牌名称和厂名。在机架脚踏板部件上是一个较抽象的蝴蝶造型装饰，从工艺角度来讲，图形连接了周边的线条，使之更牢固。

图 3-12　抽屉处的装饰设计

图 3-13　脚踏板处的装饰设计

缝纫机的机头加油孔位置使用镀铬工艺配合蝴蝶图形进行装饰，在标示出功能的同时与纯装饰部分区别开来。总之，蝴蝶牌产品的细节装饰丰富而不累赘，统一又有变化，这些设计元素削弱了缝纫机作为“工具”的形象，使之成为家庭的视觉中心，让使用者能以更加愉快的心情使用这件产品。

图 3-14　缝纫机平面海报完美地诠释了“美化家庭生活”的产品定位

图 3–15　不同的装饰设计起到了提示使用者特别关注的作用

JA1–1 型缝纫机的使用说明书长达 60 页，可谓面面俱到。使用说明书在前言中提到：为了使你对 JA1–1 型缝纫机有初步的认识和了解，又能顺利地使用，更好为你服务，所以我们在这本“连环画”式的说明书里做了一些基本的使用方法和维护常识的介绍。

图 3–16　说明书采用图文结合的方式，装配图使用折页，标注清晰，插图很具艺术性

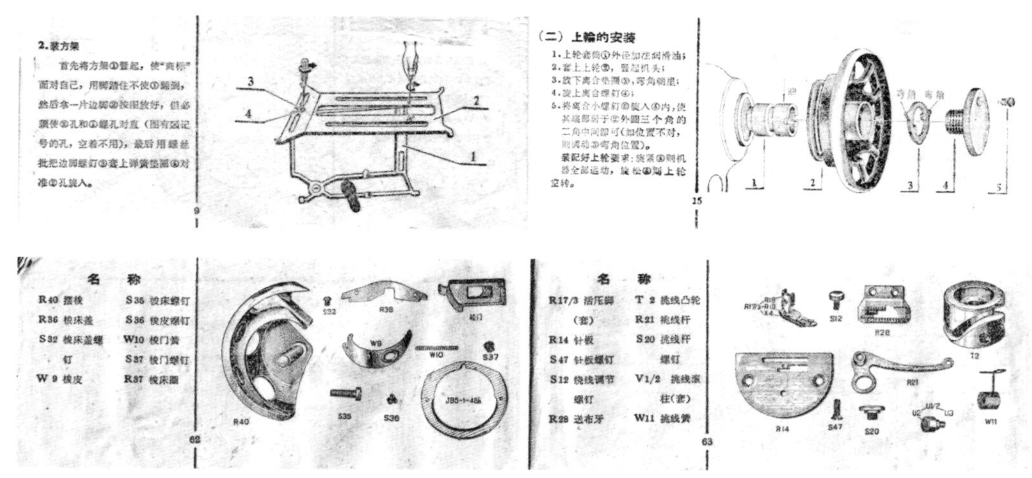

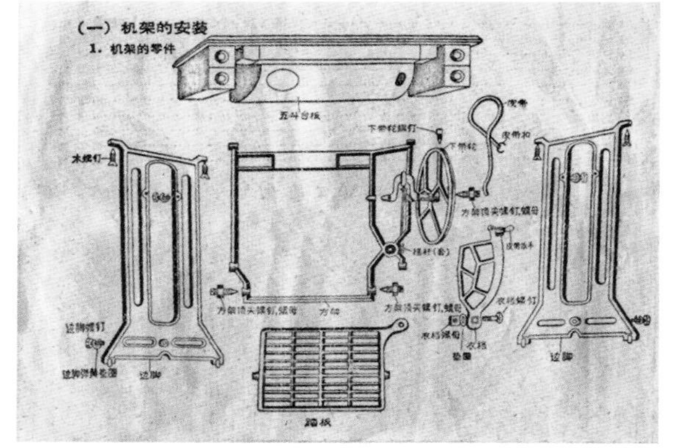

图 3–17　可能考虑到缝纫机的使用者未必有很高的文化水平，所以说明书的设计者尽可能通俗而又准确地表达产品信息。时至今日，看到这本连环画式的说明书还能够为其感动

为了便于缝纫机维修，说明书上一定会有所有零部件图。

对于家用缝纫机的零部件加工而言，板类零件有三十多种，需要采用冲压加工成型。多数使用脚踏式或背包式冲床，模具简单，对形状复杂、多孔类零件需要分多次冲压才能成型，因此生产率低，质量差。1956 年后，缝纫机面板、后盖花纹图案改用冲床压花，效率提高 10 倍，花纹清晰又确保生产安全。冲孔原来分 6 次完成，速度慢，效率低；经过改进后，冲模一次成型，工效提高 2 倍。挑线杆穿线孔原来采用麻花钻两面倒角，然后再砂光，改用组合模、复合模后上下冲压可一次完成，效率提高 26 倍。

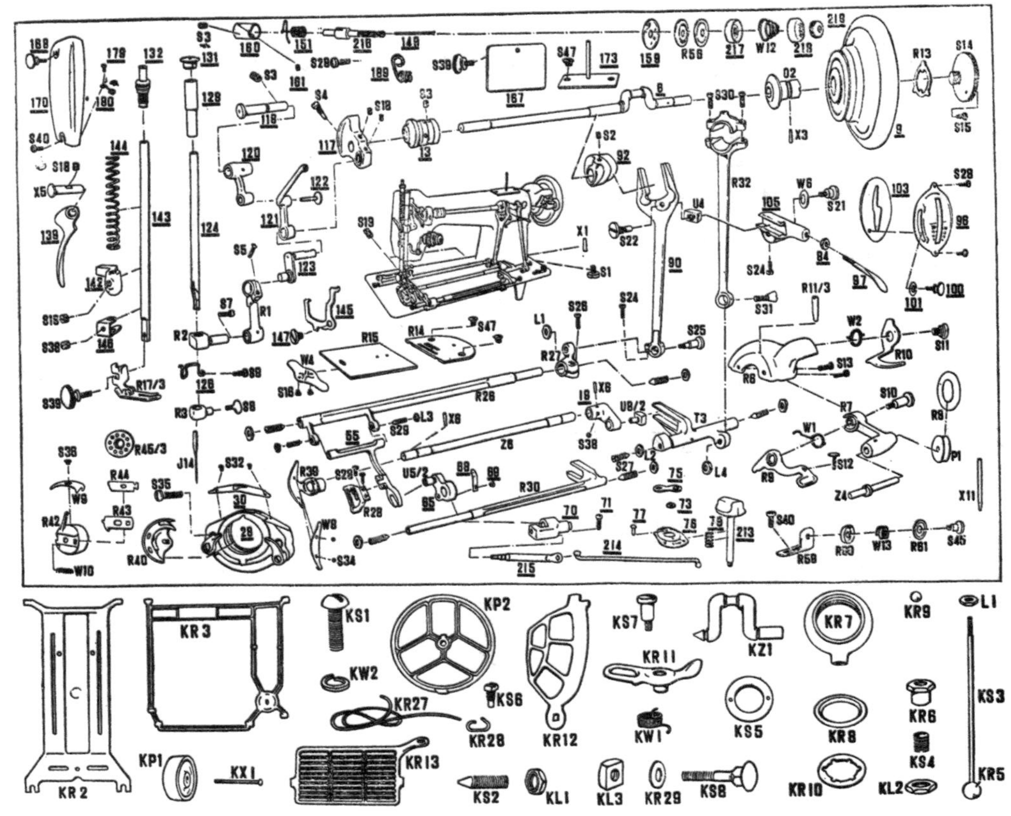

图 3–18　用于组装的缝纫机全部零件示意图

对于家用缝纫机的机壳生产而言，过去浇铸铁水采用从大铁水包中提取铁水，由人工用手提小铁水包浇到型腔内，这种做法劳动强度高而且不安全。20 世纪 50 年代中期，改用手推车进行浇铸，劳动强度有所减轻。至 1963 年，上海缝纫机一厂采用导向轨和导向轮输送带，使浇铸过程更趋完善。1964 年，将打包、手提包改为空架轨道、升降包浇铸，大幅度减轻了劳动强度。1969 年，协昌缝纫机厂从日本引进两套静电喷漆设备，并自制成电高压发生器等关键技术部件，使静电喷漆应用于缝纫机生产。

改革开放后，上海缝纫机产业通过与各国企业交流合作，发展迅猛。1982 年，协昌缝纫机厂研制成将粉末冶金制品渗碳淬火从井式气体炉改为鼓型碳氮共渗转炉。

1985 年 12 月，协昌缝纫机厂试制成功 JH14–2 型家用多功能缝纫机。这款缝纫机设有横针及左、中、右变位装置，可变换花模，可旋钮式调节针距，并有脱模装置。1987 至 1989 年，该厂又生产出 FH1–1 型和 FH1–2 型多功能缝纫机。FH 型系列多功能缝纫机制造精密，噪音低，耐磨损，可缝厚、连杆挑线、摆梭钩线，构成双线锁式线迹，曲形线缝，并有倒顺送料、双线夹线器、外装式花模、开启式梭床以及左、中、右变位装置等。除一般缝纫外，还具有钉纽扣、锁纽孔、包梗、拼缝、包边、缝拉链、嵌线、双针缝及缝绣装饰性花纹等 21 种功能。

随着电子技术的发展，协昌缝纫机厂于 1990 年试制成功 JG 系列家用电子多功能缝纫机。JG 系列是手提式轻金属电子无级调速、电子显示花纹、筒台两用的家用电子多功能缝纫机。采用连杆挑线、针杆摆动、锦纶同步带传动、卧式旋梭钩线、内藏式花模以及左、中、右变位装置，还具有钉纽扣、锁纽孔、织补、绣花、缝拉链、双针缝等功能，是服装加工等行业理想的生产工具。1990 年，JG 系列家用电子多功能缝纫机产量为 3 323 台。

四、品牌记忆

在 20 世纪七八十年代，结婚的时候，基本上女方陪嫁都想有一台蝴蝶牌缝纫机。原协昌缝纫机厂厂长陈国有回忆起当时市场上蝴蝶牌缝纫机的情况时说道：“蝴蝶牌缝纫机在当时来说应该是我国最畅销的、牌子最好的缝纫机。作为一般家庭来说，按那时的生活条件，这是比较高档的家庭装备。那时的生活条件就是缝纫机、自行车这类的产品。我们的蝴蝶牌缝纫机历史比较悠久，建厂于 1919 年，时间很早。后来生产的不是我们现在的家用缝纫机，而是草帽机。那时候一些南洋的客商、客户，看到我们国内的农民戴草帽，所以就制作草帽机，那是作坊用的工业缝纫机。

从 1945 年开始，百姓们有需要了。看到外国人的胜家缝纫机进来之后，发觉这个东西很好。我们当初的创始人就从 1946 年开始装配。因为没条件生产，零件买来，自己搞一个车库，修修配配，就做起来了。那时候的蝴蝶缝纫机不叫蝴蝶牌，它叫金狮牌。就是这个产品，那时是很好的，以后工厂就逐步扩大了。”

中华人民共和国成立后对居民消费很重视，要把妇女劳动力从手工的缝缝补补中解放出来，因此上海的缝纫机行业快速发展，很多私营业者从生产缝纫机零件开始到逐步形成家用缝纫机自己配套、自己生产整机这样的规模。在这个背景下，蝴蝶牌缝纫机发展迅猛，该厂从 1979 年开始每年产量突破 100 万台。“那时候还是供不应求，年轻人结婚成家的条件是要有缝纫机。他们就去商店里排队，托各种关系。后来到 80 年代初，没办法了，开始凭票了。那时我们还是计划经济，每年生产多少，百货商店收购多少，还有外贸企业也要——蝴蝶牌缝纫机在国外也是很畅销的。国内百货公司也要，外贸公司也要，他们两家抢着要。那么国家就规定多少出口，多少内销。那时候，我们工厂有外贸收购驻厂员，他的办公室就在厂里面，生产出来的东西检验好的，他就定下来。内销的话，百货收购站也有人驻在我们工厂里，作为检验员，驻厂检验员。每天出来多少他都知道，出来以后就送到他们百货公司的仓库里去，就是他的了。那还是满足不了啊，后来怎么办呢？就发票子。后来到什么程度：我们一台缝纫机一百三四十块钱，票子也要卖五六十块钱一张。那时候是非常非常紧张的。这样一来，我们的缝纫机还是供不应求。”

上海蝴蝶进出口有限公司总经理胡炳生说：“缝纫机产业最红火的阶段是 20 世纪 80 年代，当时我在缝纫机研究所调研，全国有八十多家缝纫机制造厂，几百家零件配套厂，而中国缝纫机产量的峰值曾一度达到过 1 287 万台这个数字。”

进入 20 世纪 90 年代之后，缝纫机虽然不再像以前那样要凭票购买而是敞开供应，但协昌缝纫机厂生产的蝴蝶牌缝纫机由于产品质量过硬、信誉度高，依然创造了年产 140 万台的高纪录。

20 世纪 90 年代末期，成衣市场风生水起，很少有人在家里缝制衣服，这也导致了上海的家用缝纫机厂很难再经营下去。2000 年，以生产工业缝纫机为主的上工股份有限公司将家用缝纫机公司——上海飞人协昌缝制机械有限公司——的“蝴蝶”“蜜蜂”等注册商标收购进来，并将进出口权交给了进出口公司，经营这些品牌的出口业务。

胡炳生说："我还记得，当时生产蝴蝶牌和飞人牌缝纫机的工厂各有 5 000 工人和 7 000 工人的规模。但是到了 21 世纪初时，国内销路变得越来越窄，这些工厂也逐步淡出了历史舞台。" 2006 年，在他接手进出口公司之后，整个蝴蝶牌缝纫机的生产全部迁到了浙江缙云地区，上海已没有一家缝纫机制造工厂。

五、系列产品

1. FB 型缝纫机

1981 年，上海缝纫机一厂开始生产供服务性行业使用的 FB 型第二代家用缝纫机系列产品，采用连杆式挑线机构、可调式下轴曲柄、开启式梭床、自动除尘块、相拼彩色，装有三排头送布牙、针板和相应的压脚，缝纫性能比一般家用缝纫机超厚 2 mm，缝薄料时又能满足绣花等要求，质量稳定，得到服务性行业的好评。

2. JH 型多功能缝纫机

上海缝纫机一厂于 1982 至 1987 年先后研制生产 JH8–1 型手提式多功能缝纫机和 JH56001 型电脑缝纫机。JH8–1 型采用铝合金压铸、精密冲制等先进工艺，箱（手提箱）机（机头不用机架）结合，筒板式两用，具有 8 种机械变更花样，并具有直线、卷边、贴布、双针、锁边、包缝、钉扣、盲缝、嵌缝、缝拉链等多种缝纫功能。JH56001 型电脑缝纫机是采用单片微机作为主控件的智能化产品，能缝三十多种基本花型，各种花型可用电脑记忆及任意组合，并具有双针缝纫、钉纽扣、锁纽孔、反向缝、加固缝等功能，用手动、脚踏、无级调速，面板有花型及横直针显示。

3. GK 型封包机

上海缝纫机一厂于 1988 年 12 月制造出 GK32–1 型封包机样机并投入生产。该机具有转速快、针距调节范围宽、双线链式和满包率高等优点。1989 年，该厂又试制出 GK34–1 型链式缝纫机，适用于中薄料型手套缝制，也适用于丝绸、棉织、针织、内衣、领口的缝纫，经改装后还可用于羊毛衫、皮革、绸品的缝纫。该机投放市场后，受到手套厂、工艺品厂等用户的欢迎。

第二节　鹰轮牌 / 工农牌缝纫机

一、历史背景

青岛缝纫机制造业始于 20 世纪 30 年代。自 1937 年 2 月始，青岛陆续开办了泰丰缝纫机器号、利康商行、信大缝纫机铁工制造厂等缝纫机修理、零部件加工制作和经销缝纫机的企业。由于受德、日、美等国缝纫机倾销的影响，加之生产设备简陋、技术工艺落后、资金不足，因此当时未能形成批量生产。1942 至 1944 年，青岛开办了福盛义铁工厂和福茂缝纫机器号两家从事缝纫机零部件生产的厂家。1945 年，顺德缝纫机器号和运城缝纫机器号也相继开业。到 1952 年初，青岛从事缝纫机修理、经营、零部件制造的厂家已发展到 12 家。其中，市南区 6 家，市北区 3 家，台东区 3 家。这些业户多数以经销、修理为主，个别从事缝纫机零部件的加工制作。这些厂家人员少、资金不足、设备陈旧，基本上以手工操作生产方式为主。

1952 年 6 月 27 日，青岛顺德、泰丰、永生福、福茂、信大、利康、运城、同健、中华、文兴、广聚、文华、轮昌共 13 家修理、经销、加工缝纫机零部件的单位实行私私合营，组成私私合营青岛联华缝纫机器制造厂，自产机壳、机架和部分零部件，再从上海购买部分零部件，开始了缝纫机整机、零部件的制作和整机装配，主要生产 JA1-1 型、FA1-1 型、GA1-1 型工业及家用缝纫机。当年组装 279 台，注册商标为鹰轮牌，当时有职工 52 人，隶属于青岛市工商局，地址在芙蓉路 5 号，后迁至费县路 103 号。工厂实行自产自销，营业门市部位于中山路 111 号，下设 5 个分门市部。1952 年底，职工增加到 153 人，陈旧设备 10 余台，固定资产原值 5.03 万元，净值 4.92 万元，年产值 21.45 万元。1954 年，缝纫机生产纳入国家计划，产品由青岛百货批发站包销，当年产缝纫机 1 230 台，创造产值 64.92 万元。

1956 年 1 月，私私合营青岛联华缝纫机器制造厂改为公私合营。其中，公股占 43.36%。同年 9 月，工厂定名为公私合营青岛联华缝纫机厂，由工商局划归青岛市重工业局领导，厂址迁至台东区延安一路 3 号，当时有职工 337 人。不久之后，福盛义铁工厂、正大东记铁厂、新泰木器厂先后并入青岛联华缝纫机厂，新增加各种设备 20 余台（套），职工增加 260 人，年产缝纫机 3 868 台。1958 年，为了满足市场需求，扩大生产规模，国家投资 6.87 万元增置设备，缝纫机的年产量达到 12 629 台。1959 年，全成木器厂、青岛喷漆厂及太和电镀厂并入青岛联华缝纫机厂，使其发展成为一个门类比较齐全、生产管理手段较为完善的生产企业。同年 8 月 1 日，青岛联华缝纫机厂划归青岛市轻工业局领导。

图 3-19 鹰轮牌缝纫机的浮雕标识及合格证

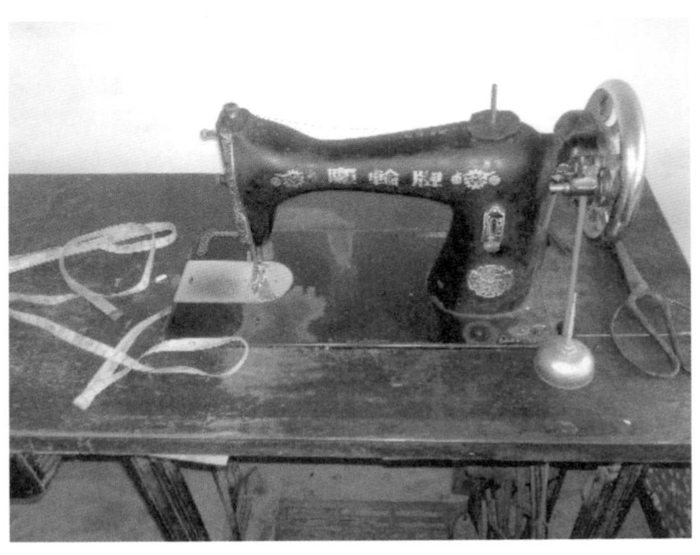

图 3-20 鹰轮牌缝纫机工作台面

图 3-21　鹰轮牌缝纫机局部特写

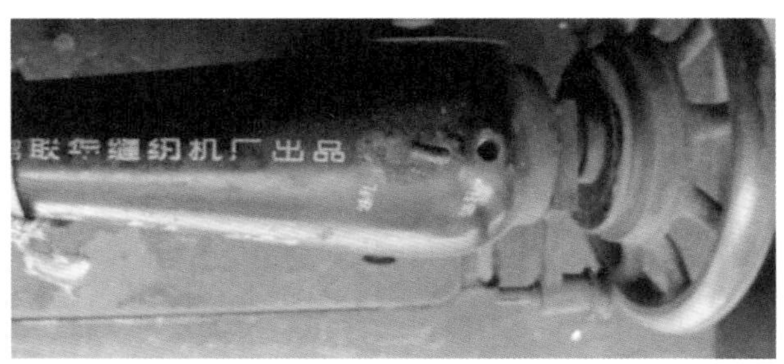

图 3-22　鹰轮牌缝纫机加油孔

1960 年，在国民经济困难的情况下，为了发展缝纫机生产，青岛市投资 20 万元用于缝纫机生产的基本建设。1961 年，青岛联华缝纫机厂拥有机械加工、铸造、木工、烤漆、安装、机修等一整套家用缝纫机生产技术装备，生产的家用缝纫机定型为 JA1-1 型，注册商标仍为鹰轮牌。但是因为当时处在经济困难时期，生产不够规范，技术水平达不到要求，所以产品质量有所下降。1962 年，青岛市贯彻落实国家对国民经济实行“调整、巩固、充实、提高”的方针，缝纫机生产逐步走上了稳定发展的道路。1965 年 4 月，经轻工业部批准，公私合营青岛联华缝纫机厂更名为公私合营青岛缝纫机厂。1966 年 4 月，产品商标由鹰轮牌改为工农牌。同年，青岛缝纫机厂拥有职工 820 人，年产缝纫机 4.5 万台。

1967 年 1 月，公私合营青岛缝纫机厂改称国营青岛缝纫机厂。1968 年，上级主管部门决定将厂址由费县路迁至沧口区永平路 29 号，搬迁工作直到 1982 年才结束。20 世纪 60 年代，青岛缝纫机制造业在学习外地经验的基础上，自行设计和制造了独

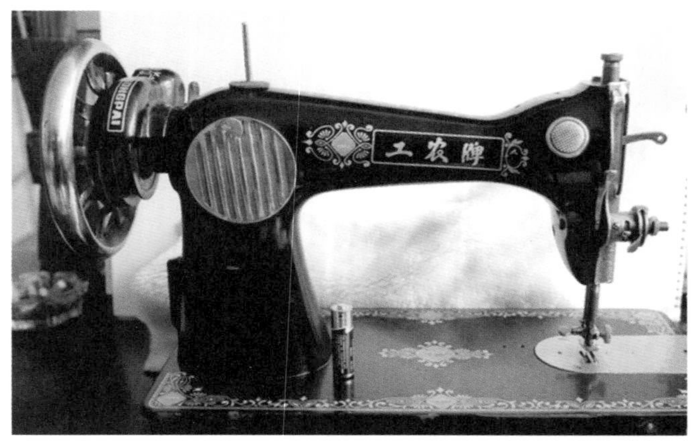

图 3-23　工农牌 JA 型家用缝纫机

具特色的箱式红外线反射干燥电炉，取代了老式煤火炉，缩短了烘烤时间，并且无灰尘，便于控制温度，对提高机头烤漆质量和降低成本起了重要作用。1970 年，青岛缝纫机厂设计出机壳 23 轴攻丝机，并在全国推广，为我国的缝纫机生产做出了贡献。同年 5 月，为了支援三线建设，青岛缝纫机厂开始筹建邹县分厂，并派工程技术人员到现场指导。1975 年，年产能力达 5 万台缝纫机的青岛缝纫机厂邹县分厂建成，并于当年 10 月移交给济宁地区轻工业局，称鲁南缝纫机厂，同时与青岛缝纫机厂正式脱钩。1974 年，青岛缝纫机厂新铸造车间建成型砂风力输送、提升机送砂、环形浇铸、机械造型和机械输送、清砂的铸造生产线，而且还安装了无箱挤压铸造生产线。同年，青岛缝纫机厂推广机壳、底板、送布轴等 18 种零部件的自动生产线工艺，对保证产品质量、提高生产率起了重要作用。1975 年，青岛缝纫机厂推广板式远红外线通道炉烘干新工艺，使烤漆生产工艺实现了连续化和自动化，耗能少，且保证了烤漆质量，居当时国内先进水平。国营青岛缝纫机厂还参加了青岛市组织的“三大件”（手表、自行车、缝纫机）会战，先后投资 1 309.75 万元，完成土建工程面积 18 029 m²，新上设备 422 台，到 1978 年，形成了设备先进、门类齐全、具有现代化生产手段和独立生产能力的大型缝纫机生产厂家，生产能力由 1975 年的 12.45 万台扩大到 1978 年的 18.75 万台。

图 3–24　工农牌缝纫机的品牌浮雕标识

图 3–25　工农牌缝纫机的使用说明书

二、经典设计

鹰轮牌缝纫机的具体型号是以其功能区分的，外观设计方面无太大差别。参照德国利康缝纫机公司的 JA1-1 型缝纫机是鹰轮牌缝纫机的早期主打产品，其外观设计方面也借鉴了德国品牌的设计风格——铸铁的机身一体成型，通体黑色烤漆，上轮部分为金属原色表面抛光，与黑色的机身形成对比，避免了配色过于沉闷。整个机身接近于流线型，机头与主轴部分呈现出一条内收的曲线，使产品具有了更符合女性使用的气质。除了企业文字标识与基本的标识贴牌之外，产品无太多装饰性图案，整体风格十分简约朴素。

工农牌缝纫机的整体造型和材料与鹰轮牌相比较并无太大的变化，区别在于工农牌缝纫机增加了很多装饰性的花纹，产品看上去更加华丽，同时机身上会印有“自己动手丰衣足食”“为人民服务”等字样。

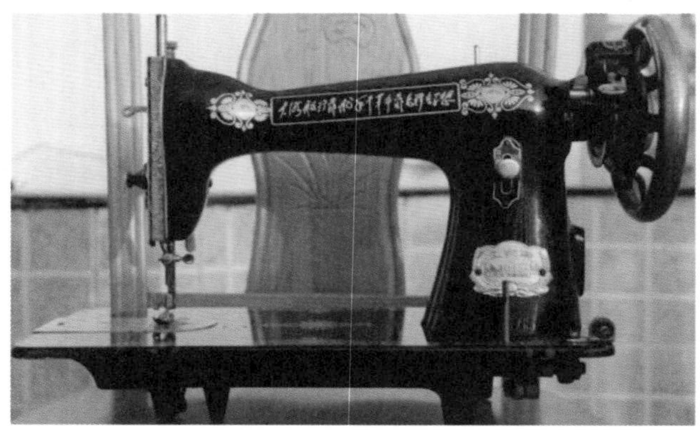

图 3-26　工农牌缝纫机局部特写 1

图 3-27　工农牌缝纫机局部特写 2

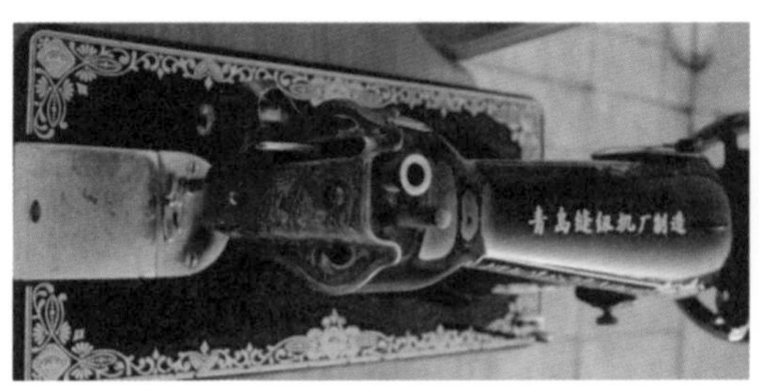

图 3-28　工农牌缝纫机局部特写 3

图 3-29　工农牌缝纫机局部特写 4

图 3-30　工农牌缝纫机局部特写 5

图 3-31　工农牌缝纫机局部特写 6

三、品牌记忆

家住青岛市云南路的张君有一台陪伴她三十多年的缝纫机。在各种物质产品都很匮乏的年代，从自行车、缝纫机这些大件，到猪肉、面粉、鱼这些食品，甚至连一个饭盒都得凭票购买。张君家附近有个市场，有次张君排队买肉，交完钱走出不远，售货员匆匆赶上来，有些不好意思地问：“大姐，听说你家有台缝纫机，能不能帮给孩子做件衣服？”张君爽快地答应了。几天后，衣服做好了，售货员偷偷多卖了两斤五花肉给她。

张君家有台缝纫机的消息传开后，卖鱼的、卖猪头肉的都找她，家里想吃什么拿着钱就能去买。“我也没想到这台缝纫机还能意外地带来这么大的‘油水’。”如今每次聊起这些事，张君在全家人面前仍然很有面子。事实上，那时的产品说明书上都附有各类衣服裁剪的方法。

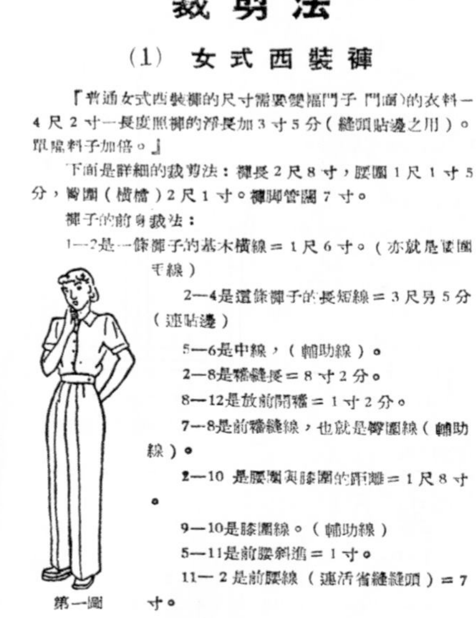

—1—

裁剪法

（1） 女式西装裤

『普通女式西装褲的尺寸需要雙幅門子（門面）的衣料—4尺2寸—長度照褲的淨長加3寸5分（縫頭貼邊之用）。單幅料子加倍。』

下面是詳細的裁剪法：褲長2尺8寸，腰圍1尺1寸5分，臀圍（橫檔）2尺1寸。褲脚管闊7寸。

褲子的前身裁法：

1—2是一條褲子的基本橫線＝1尺6寸。（亦就是臀圍毛線）

2—4是這條褲子的長短線＝3尺另5分（連貼邊）

5—6是中線，（輔助線）。

2—8是襠縫長＝8寸2分。

8—12是放前開襠＝1寸2分。

7—8是前襠縫線，也就是臀圍線（輔助線）。

2—10是腰圍與膝圍的距離＝1尺8寸。

9—10是膝圍線。（輔助線）

5—11是前腰斜進＝1寸。

11—2是前腰線（連活省縫縫頭）＝7寸。

第一圖

11—19是第二活省縫的距離＝1寸7分（活省縫尺寸為1寸）。

2—18是第一活省縫的距離即褲脚管的中間線＝2寸1分

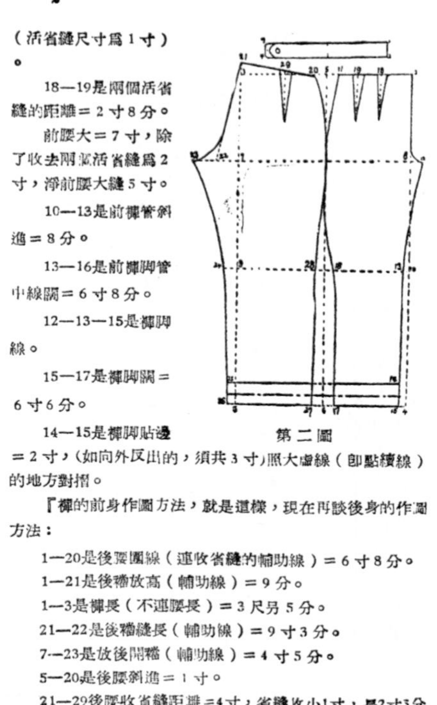

—2—

（活省縫尺寸為1寸）。

18—19是兩個活省縫的距離＝2寸8分。

前腰大＝7寸，除了收去兩只活省縫為2寸，淨前腰大縫5寸。

10—13是前褲管斜進＝8分。

13—16是前褲脚管中線闊＝6寸8分。

12—13—15是褲脚線。

15—17是褲脚闊＝6寸6分。

14—15是褲脚貼邊＝2寸，（如向外反出的，須共3寸）照大虛線（即點續線）的地方對摺。

第二圖

『褲的前身作圖方法，就是這樣，現在再談後身的作圖方法：

1—20是後腰圍線（連收省縫的輔助線）＝6寸8分。

1—21是後襠放高（輔助線）＝9分。

1—3是褲長（不連腰長）＝3尺另5分。

21—22是後襠縫長（輔助線）＝9寸3分。

7—23是放後開襠（輔助線）＝4寸5分。

5—20是後腰斜進＝1寸。

21—29後腰收省縫距離＝4寸，省縫收小1寸，長2寸5分

图 3-32 缝纫机产品说明书附有衣服裁剪的简单方法

当时负责产品销售的副总经理卓文学说：“从 1954 年一季度开始，所有产品由百货公司包销，争购缝纫机的老百姓经常在百货公司门前排号。市工商局决定采取登记购买的办法，结果一个月时间，用户登记就多达 2 000 户。当时厂里没有营销权，负责销售的百货公司通过商业局统一发票，等分到各个厂子里，估计就没几张了。”

在 67 岁的曲玉珍家里，一台工农牌缝纫机的商标依然清晰可见。老人回忆说：“‘文革’期间，鹰轮牌曾更名为工农牌。1972 年，我每月工资 38.61 元，丈夫收入也差不多，而一台缝纫机售价一百多元。在公婆和父母资助后，我才凑够了钱。但是，买缝纫机必须凭票，起初我找了好多人，都没搞到‘指标’。后来，工厂行政处领导告诉我，他有个亲戚在五莲县城工作，能帮忙想办法，但要我承担运费。我二话没说就答应了。缝纫机运到小港码头时，丈夫和几名同事从码头把缝纫机拉回了家。缝纫机抬进家的那天，左邻右舍都跑来看，摸摸机头，转转小轮……”

第三节　标准牌缝纫机

一、历史背景

中国标准缝纫机公司陕西缝纫机厂位于临潼秦始皇陵东侧，是专业生产标准牌家用和工业用缝纫机的大型全民所有制企业，隶属于西安市第一轻工业局，1985年前隶属于陕西省轻工业厅。其前身是创建于1946年10月的上海惠工铁工厂。1951年6月，上海市财政经济委员会地方工业局投资10万元，工厂实行公私合营，更名为公私合营上海惠工缝纫机制造厂。1956年，在对私营工商业社会主义改造中，先后有52个缝纫机商号和小厂并入该厂。到1966年，该厂职工由1951年的145人增加到1 200人，年产缝纫机由1951年的3 927台上升到14万台，成为当时全国主要缝纫机生产企业之一。1967年，根据国家调整工业布局的规划，该厂迁建临潼，更名为陕西缝纫机厂，年设计生产能力为14万台。1981年11月，以该厂为骨干发展横向联合成立中国标准缝纫机公司，该厂更名为中国标准缝纫机公司陕西缝纫机厂。

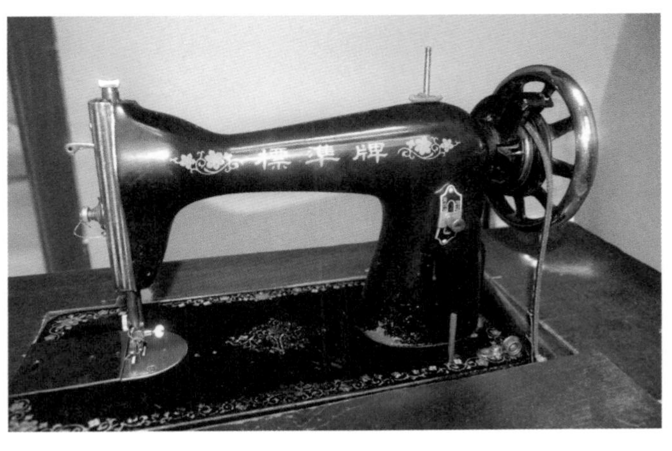

图3-33　标准牌JA2型家用缝纫机

该厂是一个涵盖铸锻、表面处理、热处理、机械加工和装配的整机制造厂，主要生产和经营标准牌家用缝纫机和工业用缝纫机，品种包括家用机和工业用平缝机、包缝机、绷缝机等 5 个系列 24 个品种。标准牌产品是中国缝纫机行业的名牌产品，在国内外市场享有盛誉。尤其在工业用缝纫机方面，该厂是国内技术力量最强、品种最多、产品水平最高的厂家，产品远销二十多个国家和地区。20 世纪 80 年代，通过从国外引进先进技术及设备，该厂的技术水平大大提高，与日本三菱电机株式会社进行技术合作生产的 GC6–1 型高速平缝机系列产品达到当时国际先进水平，深受用户青睐。1980 至 1990 年，该厂先后有 GN1–1 型三线包缝机、GC6–1 型高速平缝机、JA1–1 型家用缝纫机、GN20–3 型高速包缝机、GB1–1 型平缝机等 5 个产品荣获国家银质奖以及轻工业部和陕西省优质产品称号等。

至 1990 年，陕西缝纫机厂共生产各类缝纫机 493.8 万台，累计利税 2.39 亿元，是同期国家固定资产投资的 3.56 倍。1989 年，生产缝纫机 31.85 万台，其中工业机 7.17 万台，工业总产值 9 701.03 万元，利税 2 526.66 万元。1990 年，生产缝纫机 17.1 万台，工业总产值 8 707 万元，利税 1 633 万元。1983 年和 1985 年，该厂两次获得轻工业部提高经济效益成绩显著企业奖。1984 年，获国家经济委员会引进技术改造现有企业单项奖。1986 年，获国家经济委员会“六五”技术进步先进企业全优奖，并被评为陕西省六好企业。1987 年，被陕西省政府授予省级先进企业称号，获省经济效益先进奖。1988 年，获全国轻工业先进集体、全国轻工业出口创汇先进企业、轻工业部科技进步金龙腾飞奖，被晋升为国家二级企业。1989 年，获轻工业部质量管理奖。

图 3–34　标准牌缝纫机产品商标

1990 年末，全厂占地面积 34.05 万平方米，建筑面积 16.69 万平方米，固定资产原值 8 060 万元，净值 5 916 万元，各类生产设备 2 525 台。有职工 3 604 人，其中工程技术人员 142 人。

1995 年，中国标准缝纫机公司和日本兄弟公司投资合建的西安兄弟标准工业有限公司正式成立。1997 年 6 月，公司自行研制开发 CG6-1-D3A 型自动剪线高速平缝机。同年 10 月，中国标准缝纫机公司改制为国有独资性质的中国标准缝纫机集团公司，并以此为核心建立包括全资、控股、参股、联营的 88 家企业和经营单位的标准工业集团。1999 年，西安标准工业股份有限公司成立。

二、经典设计

1. 标准牌 JA 型民用缝纫机

中华人民共和国成立初期，上海惠工铁工厂是在同行中最早实行公私合营的，成为专业从事缝纫机研发生产的厂家。1955 年，公私合营上海惠工缝纫机厂生产出单针链式缝纫机，该款型号 1967 年内迁后被带到了西安作为早期产品生产。在此产品的基础上，生产了 JA1-1、JA2-1、JA2-2 三个系列产品，生产企业有陕西缝纫机厂和西安缝纫机厂，共用“标准”品牌。

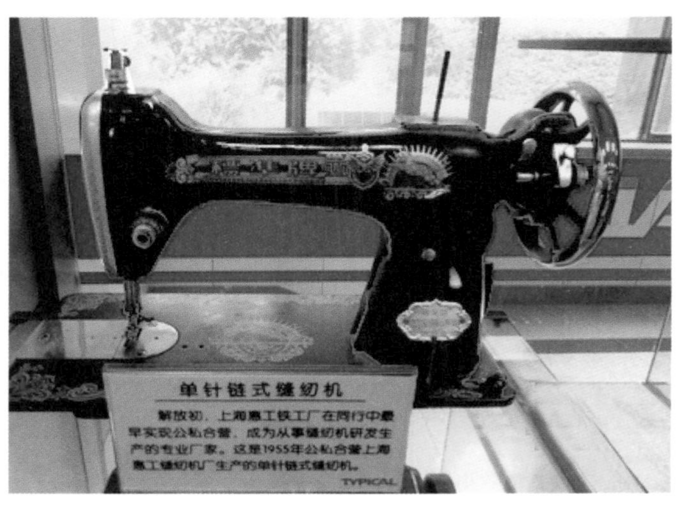

图 3-35　标准牌单针链式缝纫机

图 3-36　标准牌缝纫机机头

图 3-37　标准牌缝纫机上轮

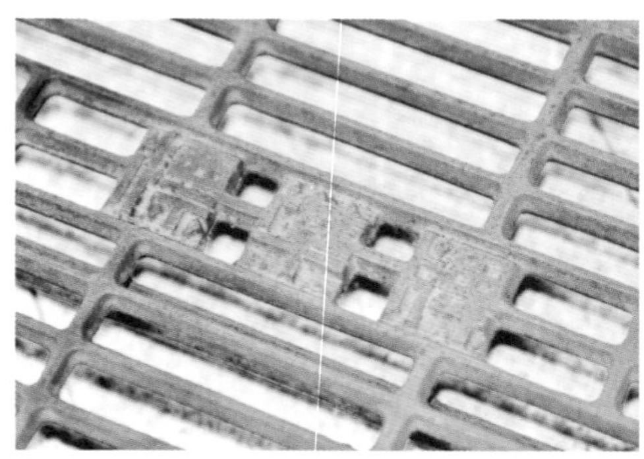

图 3-38　印有“标准牌”的踏板

图 3-39　标准牌缝纫机装饰纹样

2. 标准牌工业用缝纫机

GB1-1 型工业平缝机是中国第一台工业缝纫机，其原型是 1950 年春在上海惠工缝纫机厂诞生的设计。

陕西缝纫机厂生产的标准牌工业缝纫机，技术水平先进，花色品种多，大部分是工业缝纫机中的中高档产品，其中标准牌 GB 系列平型缝纫机是明星产品，包括 GB1-1、GB2-1、GB7-1、GB7-2 共四个型号。GB1-1 型是基础型产品，原由上海惠工缝纫机厂于 1950 年创牌生产，1982 年获陕西省优质产品称号，后转由兴平缝纫机厂生产。其他型号由中国标准缝纫机公司菀坪缝纫机厂生产，因此有不同版本的产品说明书。

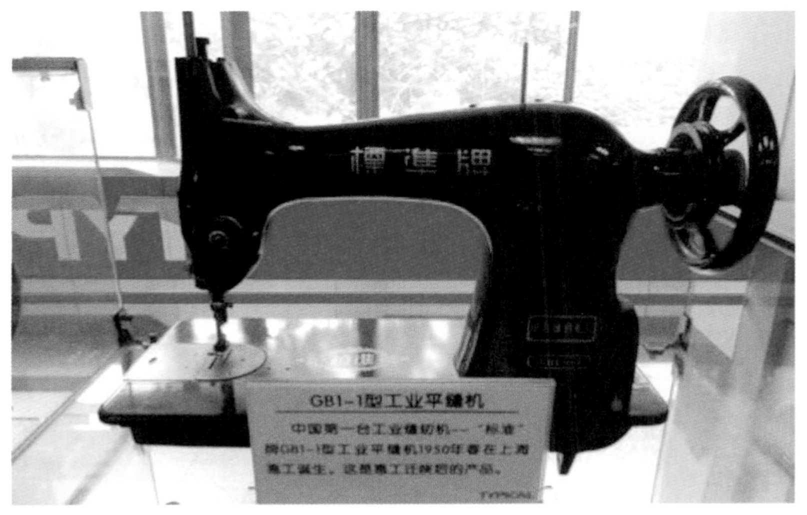

图 3-40　标准牌 GB1-1 型工业平缝机

图 3-41　公私合营版标准牌缝纫机说明书　图 3-42　上海惠工版缝纫机说明书

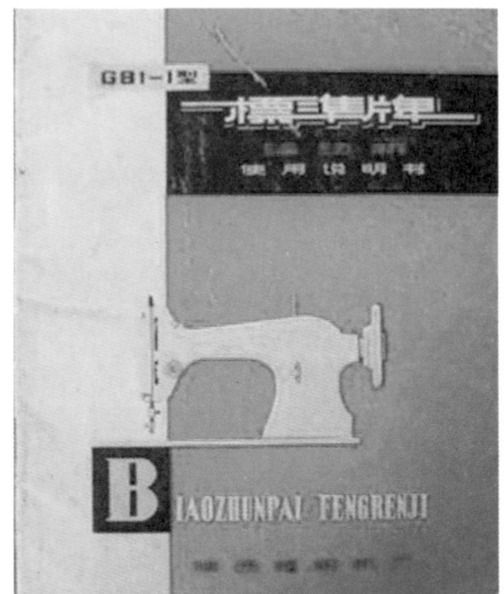

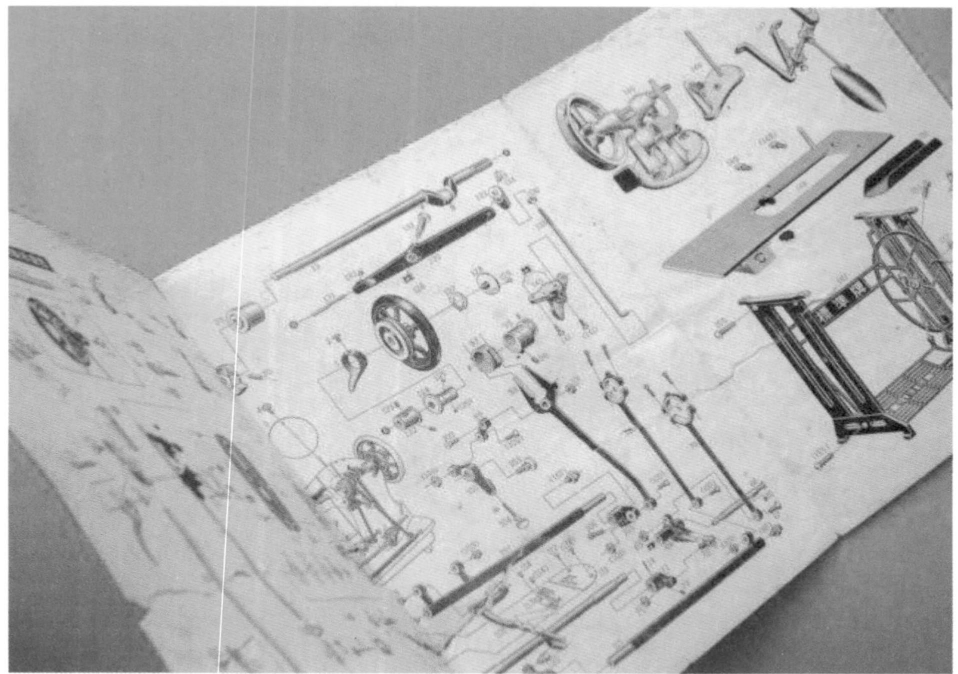

图 3-43　西安版标准牌缝纫机说明书

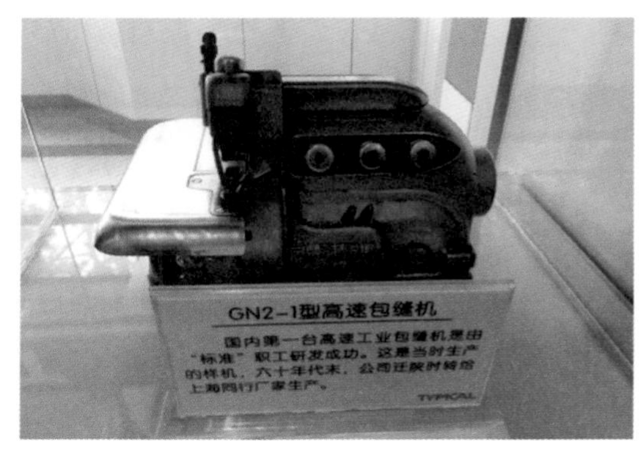

图 3-44　GN2-1 型高速包缝机样机

GN2-1 型高速包缝机是国内第一台高速工业包缝机，是由工厂职工研发成功的。20 世纪 60 年代末，工厂迁陕时转给上海同行厂家生产。

三、品牌记忆

上海缝纫机行业作为国家工业内迁计划的一部分，于 20 世纪 60 年代中期开始规划，1967 年确定。上海惠工缝纫机厂的绝大部分设备和人员被迁往西北重镇西安，与当地企业合并为西安标准缝纫机厂，随惠工带往西安的有已在上海成功量产的家用型缝纫机图纸和已完成设计的多款工业缝纫机图纸，作为缝纫机行业内最为成功的技术转移，建成后的新厂获得了陕西省政府的大力支持，管理人员选拔始终坚持任人唯贤，并将设计创新放在企业发展的首要位置，2000 年前后对于资本重组的成功运作更是使企业一跃成为国际行业巨头，堪称本土品牌成功发展的样板。

四、系列产品

1. 标准牌 GC 系列高速平缝机

主要有 GC6-1 型和 GC6-1-D3 型两种，这是在 20 世纪 80 年代具有国际先进水平的产品。GC6-1 型高速平缝机是陕西缝纫机厂于 1982 年引进日本三菱电机株式会社的产品，1983 年投产，同年荣获国家经济委员会颁发的优秀新产品证书，1985 年被评为陕西省优质产品，1988 年获轻工业部优质产品称号，1990 年获国家银质奖。

2. 标准牌 GN 系列包缝机

陕西缝纫机厂研制生产了 GN1–1、GN1–10、GN20–3、GN20–5 共四个型号。其中，GN1–1 型中速三线包缝机由上海惠工缝纫机厂于 1952 年开始生产。1980 年，GN20–3 型高速包缝机获陕西省优质产品称号，同年 GN1–1 型三线包缝机获国家银质奖。

图 3–45　工人正在对缝纫机的供线系统口进行调试

3. 标准牌 GK 系列绷缝机

这个系列的主要产品包括 GK10–3 型高速三针绷缝机、GK10–5A 型高速双针缝纫机、GK10–6A 型高速双针曲牙缝纫机、GK10–9 型高速四针宽紧带缝纫机、GK10–10 型尼龙拉链缝纫机、GK11–2 型筒式双针绷缝机共六个型号。

4. 标准牌 GM 系列印染接头机

这个系列的主要产品包括 GM1–1 型和 GM2–1 型共两个品种，是印染行业在印染和漂白各种布匹时用于接缝的专用缝纫设备。

5. 标准牌工业高速缝纫机

2002 年 7 月，GN2000 系列高速包缝机生产线在西安标准工业股份有限公司一分厂正式运行。

图 3-46　GN2000 系列第一台下线样机

第四节　其他品牌

1. 蜜蜂牌缝纫机

1981 年 6 月，上海缝纫机三厂与江苏省吴江农机修造厂签订协议，成立上海缝纫机三厂吴江分厂，生产蜜蜂牌缝纫机。这是上海轻工业第一家跨省市、跨行业、跨所有制的联合实体，开创了新的经济联合模式。吴江农机修造厂原来主要生产通用机床和农机配件，因为任务不足急求出路，而上海缝纫机三厂（以下简称上缝三厂）生产的蜜蜂牌缝纫机因为供不应求急需扩产，但是由于设备、场地的限制，难以大幅度增产。上海缝纫机三厂与吴江农机修造厂的协议规定：有关产品质量达到蜜蜂牌标准时，可以使用上缝三厂的注册商标蜜蜂牌，商标的所有权仍属上缝三厂；逐步形成年产规模为 JB1-1 型家用缝纫机 20 万台，13 种铸铁滚镀件 100 万套；主要原料及业内协作件由上缝三厂纳入计划，其余由对方负责解决；生产计划纳入上缝三厂，销售由缝纫机公司安排，超产部分分厂可自留 50%；投资总额吴江农机修造厂占 55.5%，其余由上缝三厂出资；鉴于上缝三厂提供技术、商标等因素，双方同意盈亏各半分成；联营期暂定 10 年。联营第一年就产出缝纫机，到第三年已形成 20 万台的生产能力，三年累计生产缝纫机 19.4 万台，创利 490 万元，税金 213 万元，税利为联营前的10倍，产品质量达到名牌水平。联营双方三年中各分得利润200万元。同时，由于缝纫机机板、机架、包装材料、印刷、五金配件等就地配套，促进了乡镇企业的发展。

图 3-47　蜜蜂牌缝纫机标识

2. 长江牌缝纫机

长江牌缝纫机是芜湖缝纫机厂的主要产品，1970 年开始生产。1975 年注册商标。1984 年之前，由芜湖市百货站销售，主要销往省内各地及河南、山东、江西等省。当时由于缝纫机是市场紧俏品种，加之其单价较同类水平产品低 6%，故供不应求。1984 年 9 月起改由企业自销，售后服务由“三包一年”改为“三包三年”。

图 3-48　长江牌缝纫机标识

该品牌缝纫机的机头生产主要有四大工艺：外壳铸造采用皮带运输机送、回砂，凸箱造型，人工浇铸及铸型输送机运送铸件的流水作业工艺；金属加工采用单工位多工步组合机床流水作业；油漆采用机动上底漆、手工打磨、贴花，气压手工操作上面漆，晶体管自动控制调节温度，远红外线烘烤的流水作业工艺；装配采用分工流水人工组装，经检验合格后包装入库。台板由芜湖市缝纫机台板厂配套，主要是贴塑二斗藏式，还有桌式、柜式、橱式等十多种。

3. 飞人牌缝纫机

飞人牌缝纫机由上海缝纫机一厂（飞人机械总公司）生产，该厂位于上海鲁班路 499 号。前身为阮耀记袜机袜针号，1924 年创设。1949 年 8 月在南塘浜路设厂。1954 年更名为地方国营上海第一缝纫机器制造厂，1964 年更名为地方国营上海第一缝纫机厂。1972 年更名为上海缝纫机一厂。1992 年与上海缝纫机三厂合并，组成新的上海缝纫机一厂。1993 年 8 月，改制组建上海飞人机械总公司。生产的家用缝纫机有 JA 型、JB 型、FB 型、JH 型（手提式电动多功能轻金属缝纫机）以及电子多功能缝纫机。工业缝纫机有三线包缝机、裘皮机、手提封包机、簇绒机、电脑控制花样套结机等 22 个系列，109 个品种。1992 年起，新增助动车、汽油机等产品。飞人牌家用缝纫机为上海市名牌产品。JH8-1 型电动轻金属多功能缝纫机获国家质量银奖，并为中国第一种进入国际市场的电动缝纫机。该厂与日本胜家日钢株式会社合作开发的 JH26001 型电子多功能缝纫机，具有电子显示花纹、电子控制机针速度和停止位置的功能。1985 年，在全国首届部分家庭消费品民意评选中，飞人牌缝纫机荣获金鸥杯奖。1990 年，经国家检测机构检测，该厂成为 A 级产品企业。1992 至 1993 年，飞人牌缝纫机获最畅销国产产品金桥奖。1989 年，该厂被评为首批国家一级企业，并获国家质量管理奖称号。

图 3-49　飞人牌 JA6-1 型缝纫机

图 3-50　飞人牌缝纫机商标

图 3-51　JB 系列缝纫机进行性能测试

图 3-52 JB 系列缝纫机进行总装

图 3-53 飞人牌缝纫机上轮特写

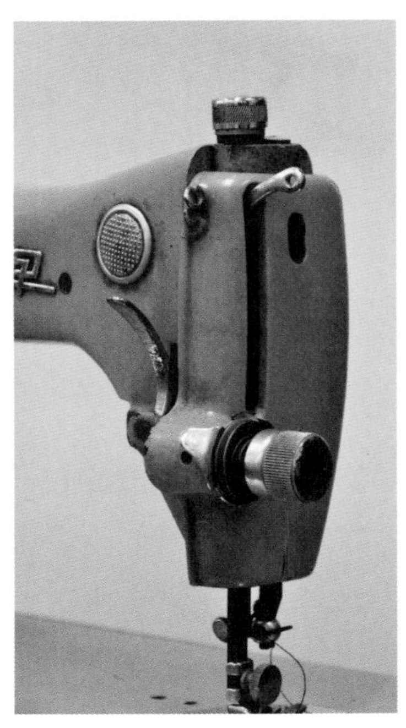
图 3-54 飞人牌缝纫机机头特写

4. 太湖牌缝纫机

1912 年，苏州申昌缝纫机号经营修理兼装配缝纫机。20 世纪 50 年代初，从经销和修理开始到组装缝纫机的商店（行）有苏州荣昌、无锡胜昌、镇江镇昌和南京德意兴等。1952 年，江苏省全省组装缝纫机 1 400 台。

1956 年，南京 11 个缝纫机店合并，成立南京战斗缝纫机生产修配社，苏州缝纫机厂、镇江缝纫机厂也相继建立，各厂自制机壳和部分零配件，当年生产缝纫机 2 300 台。1957 年，无锡建立北塘湾区缝纫机制造修配合作社；1959 年，经过迁并，建立无锡缝纫机制造厂，生产太湖牌缝纫机。同年，南京战斗缝纫机生产修配社在经历了南京机器制造厂缝纫机分厂、白下缝纫机厂的变迁后，更名为南京缝纫机厂，生产熊猫牌缝纫机。1960 年，靖江缝纫机厂建立。1966 年，江苏省全省缝纫机产量达 3.03 万台，十年平均每年递增 28.4%。20 世纪 60 年代后期，产量下降，五年间始终徘徊在 2 万台左右。

1970 年 5 月，无锡缝纫机制造厂转产印刷机械。同年，苏州缝纫机厂恢复整机生产，商标为卫星牌（后改为凤凰牌）。1971 年，靖江缝纫机厂和徐州火柴厂缝纫机车间参加轻工业部组织的 70–1 型缝纫机生产协作。1972 年 12 月，徐州市将火柴厂缝纫机车间划出，单独建立徐州缝纫机厂，两年后迁至北郊新厂区。1976 年，无锡市粮食机械厂转产缝纫机，沿用太湖牌商标。1978 年，江苏省全省家用缝纫机产量达到 19.58 万台，并由单一品种发展到 17 个品种。当年，南京缝纫机厂更名为南京缝纫机总厂，徐州、靖江缝纫机厂分别扩建，年产能力为 10 万台。1979 年，70–1 型缝纫机因设计不合理、结构有缺陷，改产为 JB 型缝纫机。徐州缝纫机厂与上海缝纫机一厂协作，生产 JA 型缝纫机。

图 3–55　太湖牌缝纫机标识

5. 闽江牌缝纫机

福建省缝纫机生产始于 1959 年，当时的福州市机械厂在组织人员去上海缝纫机行业的相关工厂参观学习之后，在福州市政府拨付 3 000 元试制费的条件下，经全厂职工共同努力，试制出第一台具有凸轮挑线机构、摆梭勾线机构、双线连锁式线迹的 JA1–1 型家用缝纫机，定名为巨龙牌缝纫机。1960 年，工厂更名为福州缝纫机器制造厂。同年，巨龙牌缝纫机更名为闽江牌缝纫机。1963 年，因工业调整，大多数新建的轻工机械企业关闭，而福州缝纫机器制造厂依靠良好的产品质量和信誉被保留了下来。1965 年，工厂迁入福州台江中选（占地 4 万平方米）新址。1966 至 1971 年，由于市场需求量增大，工厂经过扩建、改造以及建立联营体，扩大了生产规模，增强了生产能力。1972 年，铸工车间建成单轨（零件）造型线，但主要铸件依靠地面造型，仍不能满足扩大生产、批量配套的要求，而且部分关键零配件还需要依靠外供。1975 年，工厂进行第一期扩建改造。1979 年 1 月，铸工车间建成双轨线、地坑及砂工部，在投入使用之后，铸造能力从每小时 1.5 吨提高到 3 吨。为了满足需要，福州缝纫机器制造厂本着自愿互利的原则，打破不同的隶属关系、供销渠道和分配方式的界限，采取经济联合体形式，成立了福州缝纫机总厂，包括福州缝纫机（总装）厂、福州台板厂、福州缝纫机电镀厂、福州缝纫机机架厂等四个全民所有制单位和福州缝纫机零件一厂、福州缝纫机零件二厂、福州缝纫机零件三厂等区办集体所有制企业。以总装厂为依托，按总装厂年产 30 万台机头和 10 万副机架的生产能力组织生产。

图 3–56　闽江牌缝纫机标识

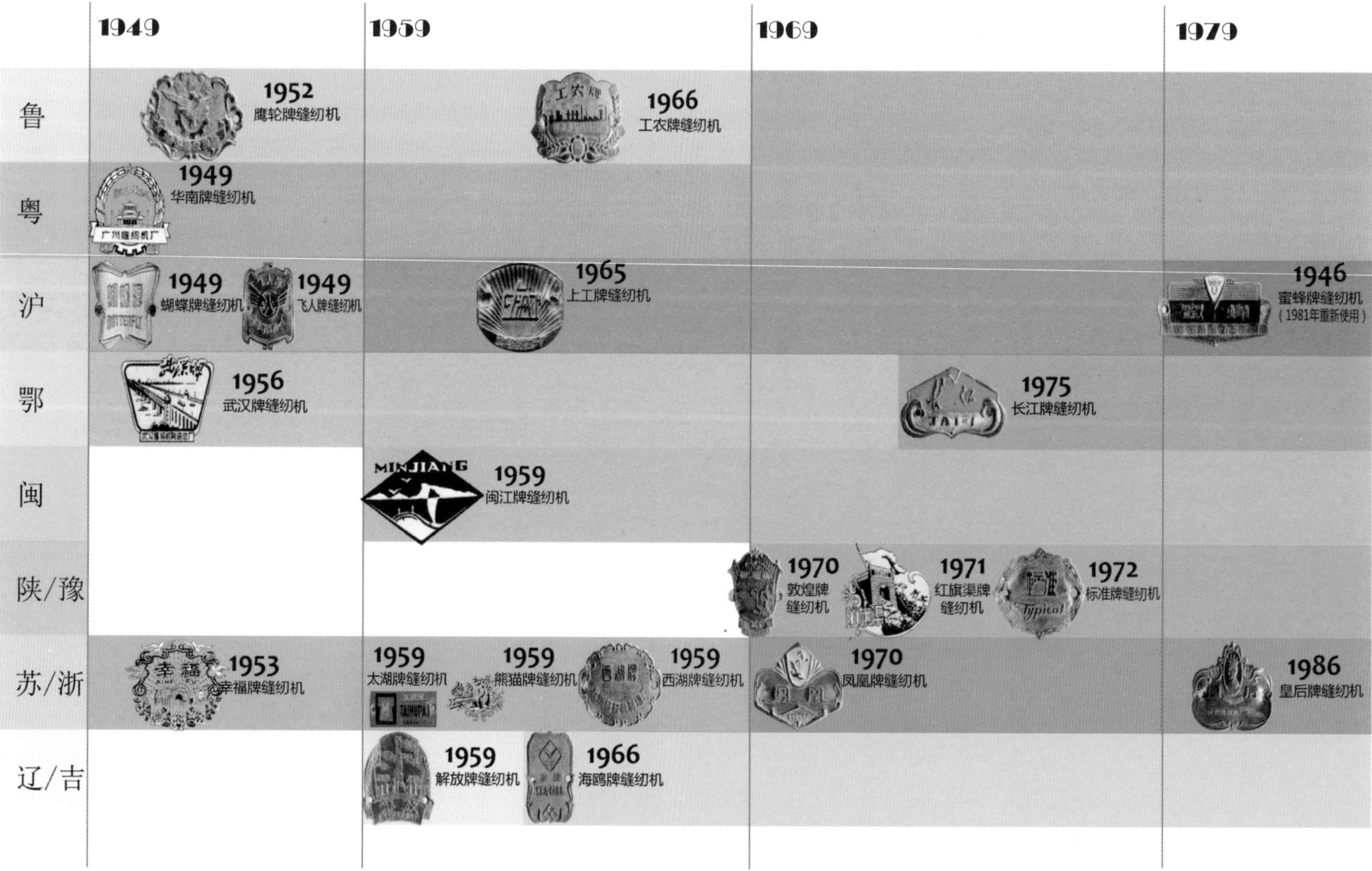

图 3-57 国内主要缝纫机品牌诞生一览图

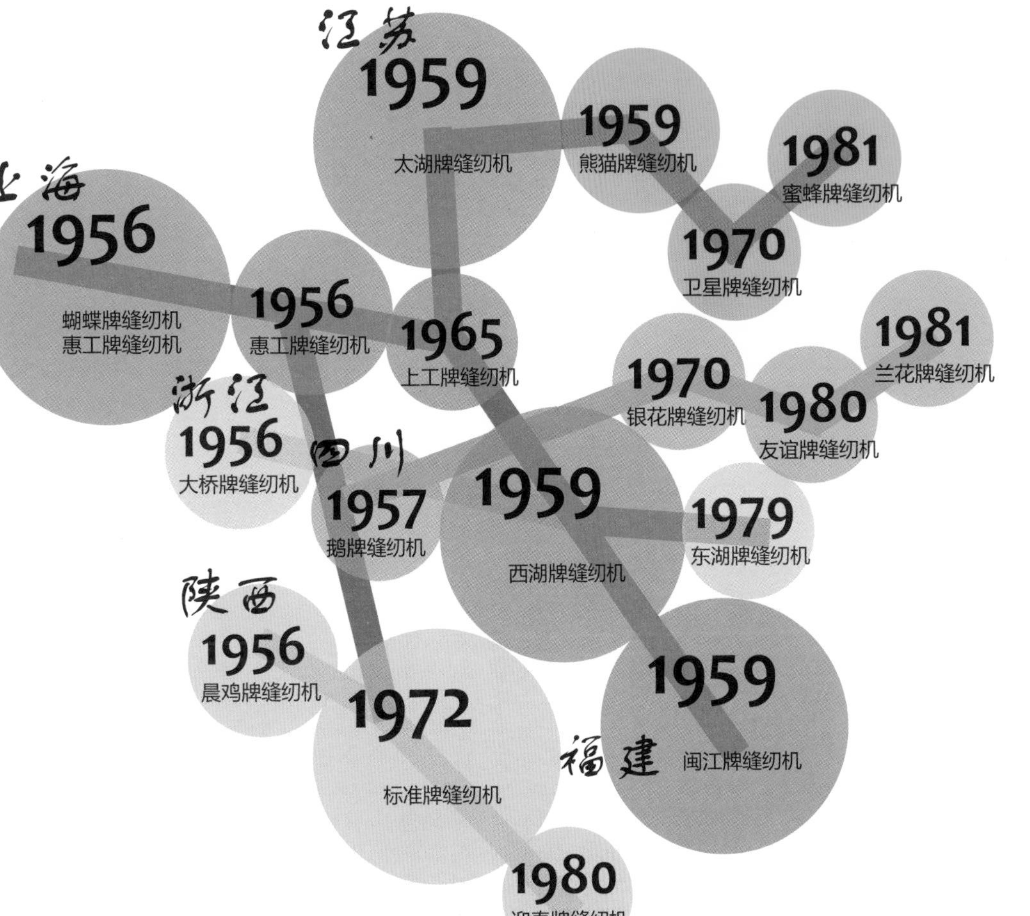

图 3-58 中华人民共和国成立后缝纫机技术转移路线图，大圈为主要品牌，同一颜色的产品为相关技术转移品牌

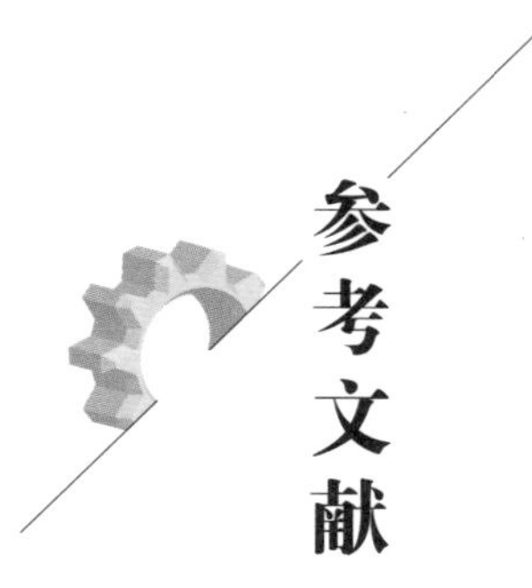

参考文献

[1] 中共上海市委党史研究室 . 上海支援全国 [M]. 上海：上海书店出版社 , 2011.

[2] 丹东市手表元件一厂 . 18–8 奥氏体不锈钢表壳压铸试验阶段总结 [J]. 钟表月刊 , 1975(2): 10–19.

[3] 苏州市轻工业品设计研究所 . 美术设计资料集 [M]. 苏州：苏州市轻工业品设计研究所 , 1978.

[4] 全国自行车工业科技情报站 . 自行车科技 [Z]. [出版地不详]：全国自行车工业科技情报站 , 1979.

[5] 天津市自行车工业公司 , 中国五金交电公司天津交电采购供应站 . 天津自行车产品样本 [Z]. 天津：天津市自行车工业公司 , 中国五金交电公司天津交电采购供应站 , 1966.

[6] 郑兴业 . 老国产机械手表收藏与鉴赏资料大全 [M]. 郑州：[出版者不详], 2006.

[7] 上海缝纫机三厂 . JB 型缝纫机的使用修理 [M]. 上海：上海缝纫机三厂 , 1977.

[8] 青岛市自行车工业志编纂委员会 . 青岛市自行车工业志 1915–1985 草稿 [Z]. 青岛：青岛市自行车工业志编纂委员会 , 1986.

[9] 吴逸 , 陶永宽 . 上海市场大观 [M]. 上海：上海人民出版社，1981.

[10] 上海自行车工业科技情报站 , 上海缝纫机工业科技情报站 . 自缝科技 [Z]. 上海：上海自行车工业科技情报站 , 上海缝纫机工业科技情报站 , 1976.

[11] 上海百货采购供应站 , 上海新风钟表商店 . 手表 [M]. 北京：中国财政经济出版社，1977.

[12] 江苏省地方志编纂委员会 . 江苏省志： 轻工业志 [M]. 南京：江苏科学技术出版社 , 1996.

[13] 浙江省轻纺工业志编辑委员会 . 浙江省轻工业志 [M]. 北京：中华书局 , 2000.

[14] 上海轻工业志编纂委员会 . 上海轻工业志 [M]. 上海：上海社会科学院出版社 , 1996.

[15] 沈阳市人民政府地方志编纂办公室 . 沈阳市志：轻工业 纺织工业 区街企业 [M]. 沈阳：沈阳出版社 , 1994.

[16] 福建省地方志编纂委员会 . 福建省志：轻工业志 [M]. 福建：方志出版社 , 1996.

[17] 陕西省地方志编纂委员会 . 陕西省志：轻工业志 [M]. 陕西：三秦出版社 , 1999.

[18] 广东省地方史志编纂委员会 . 广东省志：一轻工业志 [M]. 广东： 广东人民出版社，2006.

[19] 四川省地方志编纂委员会 . 四川省志：轻工业志 [M]. 成都：四川辞书出版社 , 1993.

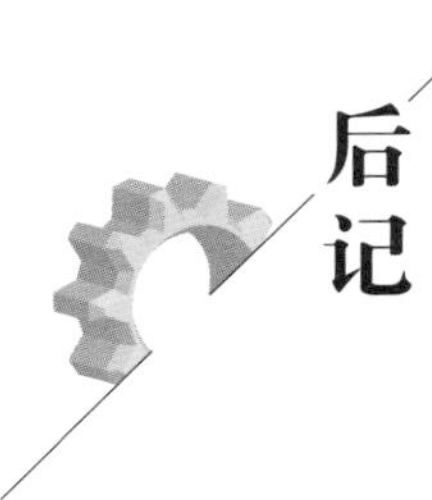

后记

本卷写作的最大难度是对数量庞杂的“三大件”轻工业产品进行甄别、收集和求证。面对大量十分相似的产品，我们首先从研究各个地方的轻工业志开始，从中发现一条主要的线索，同时判断每一个地方轻工业发展的思路及特点，然后比对实际的产品，访问相关的设计人员、销售人员或者企业负责人，收集行业发展的史料和技术文献，这项看似大海捞针的工作给我们带来了巨大的收获。行业内部技术文献记载了关于自行车、缝纫机、钟表产品的关键技术改进以及国际同行技术发展的内容，在与行业志的比对过程中，我们勾勒出一个大致的轮廓，拥有了新的发现，更加体会到放弃空洞的“宏大叙事”，用“谱系”方式研究中国工业设计史的必要性。米歇尔·福柯曾在《尼采、谱系学与历史》一文中做出如下解释：“谱系学要求细节，要求大量堆砌的材料。”

我们的谱系研究与米歇尔·福柯所提的谱系学含义并不完全相同。为此我们要感谢同济大学创意设计学院的朱钟炎教授为本卷编写提供的十分有价值的线索，他在永久自行车厂工作期间参与了许多产品的设计。我们还要感谢龙域工业设计有限公司总经理、同济大学杨文庆副教授提供的近几年来永久牌自行车的设计资料，特别是他的团队基于老品牌设计的新产品，为纵览永久牌自行车在不同时代的价值奠定了基础。我们要特别感谢青岛工业设计协会副会长王海宁先生帮忙收集了稀少而经典的飞鹿牌自行车，协助我们澄清了许多细节设计的问题。最后，我们要感谢收藏家郑兴业先生提供的部分资料以及所有参加资料收集和整理工作的工作人员。

鉴于中国轻工业产品设计发展线索的复杂性，许多偶然因素引发的设计和制造活动往往不能被常理所解释，同时也限于我们研究的水平，本卷存在着许多不足之处。恳请行业专家以及广大读者对我们的成果进行剖析和质疑，提出宝贵意见或建议，支持我们在中国工业设计史研究的路上继续前行。

沈榆

2016 年 5 月